どのように〜さるのか

纐纈 一起 著

SCIENCE PALETTE

丸善出版

# まえがき

　「サイエンス・パレット」シリーズのために地震に関する書き下ろしを、という依頼をいただいたので、類書をいろいろ見てみました．わが国では地震に関することが興味をよぶようで、一般の方向けの解説書は多数あります．このシリーズが対象としている、専門外の大学生全般や学び直しの大人の方々向けにもいろいろなものが出されています．

　どうしたものかと迷ってしまったので、地震以外の分野の入門書もあれこれ見ていると、『一般相対性理論を一歩一歩数式で理解する』（石井俊全，ベレ出版）が目にとまりました．出版元のウェブサイトでは「「一般相対性理論」・・・ は表面的な概念だけで語れるようなものではありません。それを表現する言語は「数式」以外にないのです。」と内容紹介されていました．これだなと思って書いたものが本書です．

　地震のおおもとは "ダブルカップル" であり、それは "メカニズム解" で表現されるというのが現代的な地震の見方です．どちらの用語も読者にはなじみのないものだと思います．しかし、たとえば大きな地震が起きたときに気象庁が報道発表する資料にビーチボールのような図面（本文の図 48 が一例）

が載せられますが，これは地震動の向きを用いて“ダブルカップル”を紙面上に表したものなのです．

　つまり，地震に関する現代的な情報を理解するには，これらに代表される現代的な地震学の知識が欠かせません．ところが，一般相対性理論と同じように，それを数式なしに説明することは不可能でしたので，これまでの地震の解説書では言葉の紹介はあっても，解説にふさわしい説明がされることはありませんでした．本書は，サイエンス・パレットの読者を対象に，この説明を行いながら，地震は「どのように起きるのか」を解説するものです．

　解説を理解していただくには物理や数学の知識が必要ですが（地震学は地学というよりは物理です），サイエンス・パレットの読者ならば中学の理科や数学で履修されたことの知識はまだお持ちとして，それらについては簡単な説明にとどめました．しかし，高校や大学教養課程の物理や数学については，必要になった箇所でそれらの詳しい説明を行った上で解説を行いました．

　用語は『地震学 第3版』（宇津徳治，共立出版）と『地震の事典 第2版』（宇津徳治ら，朝倉書店）および『改訂版 物理学辞典』（物理学辞典編集委員会 編，培風館）に従いましたが，これらに所収されていないものは慣用の和名やカタカナ書きを用いました．索引に挙げた事項はゴシック体とし，より詳細な記述が別にある場合にはその頁番号などを（ ）内に記しました．

　参考文献は巻末に番号付きで著者の五十音順に並べ，本文の該当箇所にはその番号を上付き括弧で示しました．人名は，

氏名で書かれているときはその人物そのものを表し，名字だけのときはその人物による論文や著書を表し，それらは参考文献に挙げてあります．著者名がアルファベットになっているものは，英文で書かれた論文や著書です．

2020 年 1 月

<ruby>纐<rt>こう</rt></ruby><ruby>纈<rt>けつ</rt></ruby><ruby>一<rt>かず</rt></ruby><ruby>起<rt>き</rt></ruby>

# 目　次

# 第1章

# 地震の基礎

## 地震の定義と幾何学

**地震**という言葉には二つの意味があり，字面通り地面が震える（揺れる）現象そのものを表す場合と，そうした現象の原因となる地中の急激な変動を指す場合があります．強い揺れを感じたときに放送局のアナウンサーが発する言葉や，防災行政無線が自動的に流す音声は「ただいま地震がありました．」で始まることが多いですが，この中の"地震"は前者の意味で使われています．しかし，専門家はほとんどの場合，後者の意味で"地震"を使っており，特に前者を表現したいときは**地震動**という用語を用います．これらのことは多くの解説書のみならず，専門家向けの教科書にも書かれていますが，本書では拙著[14]の表現を用い，以降もおおむね拙著に従うことにします．

つまり，地震動は原因である地震から発せられて，地震に関するいろいろな情報を含んでいるので，「地震はどのように起きるのか」という問題は，その地震動を解析することにより解明されてきました．地震動は地球，あるいはその一部である**地下構造**が揺れる現象，つまり振動現象としてとらえることができます．地球は固い岩石で構成されており，引っぱってもたたいても変形しないように思いますが，地震動のような速い動きに対してはゴムのような，変形するが元に戻る物質として振舞うことが知られています（図1）．こうした物質は**弾性体**とよばれ，地震動の解析は弾性体の力学に基づいて行われてきました．これらのことは本章の次節以降で説明します．

　一方，地震動の原因となる「地中の急激な変動」，つまり地震については，地球や地下構造が，その内部に存在する，ある面に沿って急激にずれる現象であることが，**弾性反発説**（57頁）として20世紀初頭に提唱され，1960年代に理論として

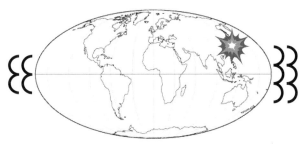

**図1**　地震（星印）に対して地球はゴムのように振舞って揺れ，その揺れが地震動となる．

確立されました．このことは本書の中心テーマですので，第2章における準備の後，第3章以降で詳しく解説します．

　地震が起きた地中の場所（図1の星印）は**震源**とよばれます．また，本書では震源の領域における地震の現象を概略的によぶときにも"震源"という言葉を用いることにします．たとえば，第3章や第4章の節タイトルに現れる"震源"はこの意味で使われています．

　地震の解説に必要な数学のうち，最も基礎的な"幾何学"について述べて，この序節を締めくくりたいと思います．**幾何学**とは「物の形・大きさ・位置，その他一般に空間に関する性質を研究する学問」[20] です．古典的な幾何学はギリシアのユークリッド[38] など紀元前300年頃まで遡りますが，「図形を座標によって示し，図形の関係を座標の間に成り立つ代数方程式により明らかにする」解析幾何学の分野は17世紀にデカルト[25] によって創始されました[20]．そのため，中学，高校で履修し，本書でもおもに用いている直交直線座標系は**デカルト座標系**とよばれています．

　図2左のデカルト座標系を右手の写真（図2右）と比較してみます．中指を軸として手のひらを頭の中で90°回転させると（手首を骨折でもさせない限り現実には回転できないですが），親指，人差し指，中指を$x$軸，$y$軸，$z$軸に合わせることができるので，このデカルト座標系を**右手系**とよびます．左手を図2右のように立てると，親指と人差し指の回転方向の順番が入れ替わってしまうので，どんなに回転しても図2左には決してなりません．本書では図12や図14をはじめ，右手系デカルト座標系を一貫して用います．

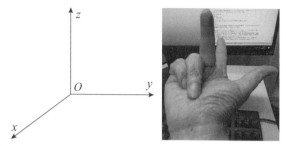

**図 2** デカルト座標系（左）と右手（右）．本書 75 頁の pLaTeX 原稿を gnupack の Emacs で執筆中の筆者の右手．

## 弾性体の変形とベクトル

**弾性**とは，力が加えられると変形し，その力が取り除かれると元に戻る性質をいいます．弾性の性質を持った物体が**弾性体**です．最も単純に，1 次元的に連続な弾性体，言ってみれば棒状ゴムのようなものを考え（図 3），力 $F$ によって $\Delta l$ だけ伸びるという変形をしたとします．この変形によりゴムの下端が $A$ から $A'$ に変位したとすると，図の場合は上端が固定されているので，変位の量は**伸び** $\Delta l$ に等しくなります．

ここで**フックの法則**を，中学の理科で習ったように $F = k\,\Delta l$ とすると，**弾性定数**の $k$ はゴムの長さ $l$ による（長いほど伸びやすい）ので，$\Delta l$ を**伸び率** $e = \Delta l / l$ に置き換えることが望ましいと考えられます．同様に，ゴムはその断面積 $S$ が大きいほど，同じ $F$ でも伸びが小さくなるので，$F$ を $\tau = F/S$ で置き換えてフックの法則を

$$\tau = \gamma\,e \tag{1}$$

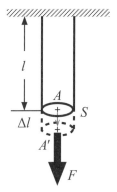

**図 3** 1 次元弾性体の変形（伸び）（纐纈[14] による）.

とすれば，同じ物質なら同じ弾性定数 $\gamma$ を与えるようにする
ことができます．**変位**（または**弾性変位**）や**ひずみ**，**応力**は，
これら $\Delta l$ や $e$, $\tau$ を地球や地下構造のような 3 次元的に連続
な弾性体に拡張したものになります．また，地球や地下構造
の変位が**地震動**（前節）です．

　ここからは，この 1 次元から 3 次元への拡張を説明します
が，次元数がふえることにより問題は複雑になって，たとえ
ば変位は 3 成分になります．ひずみや応力に至っては 3×3 成
分になって，現れる式は 3 倍以上長くなってしまいます．し
かし，それらを組み合わせて伸びなどの量にすれば 1 次元の
性質を残していますから，辛抱強く読んでもらえれば理解し
ていただけるものと思います．

　1 次元弾性体の変位ならば方向は固定されているので，大
きさに向きを表す符号を付けたスカラーで表すことができま
す．ところが，3 次元弾性体の変位では方向も指定する必要

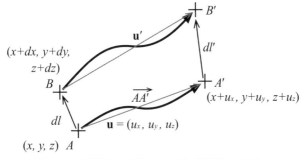

**図4** 3次元弾性体の変形による変位（纐纈 [14] による）.

があるので，高校で学習する**ベクトル**を用いなければなりません．本書では英数字の上に矢印が付けられている場合，あるいはボールド体で書かれている場合，それらは"ベクトル"を表すものとします．また，ベクトルの大きさ（長さ）はベクトルに絶対値の記号" | |"を付けて表すものとします．

図4のように，3次元弾性体が変形を受けて座標 $(x, y, z)$ にあった点 $A$ が座標 $(x + u_x, y + u_y, z + u_z)$ の点 $A'$ になったとします．変形が小さいとすると，それに伴う変位は，実際は図4の太い矢印だったとしても，細い灰色矢印のベクトル $\overrightarrow{AA'}$ で近似できるはずです．ベクトルの成分表示は終点と始点の座標の差ですから

$$\overrightarrow{AA'} = (x + u_x - x, y + u_y - y, z + u_z - z) = (u_x, u_y, u_z) \quad (2)$$

であり，この右辺をベクトル **u** とすることにします．

次に，点 $A$ に近接した点 $B$ を考え，その座標を $(x+dx, y+dy, z+dz)$ とします（図4）．近接していますから $dx, dy, dz$ はごく小さく，**微小**であるとします．"微小"とは，その区間でみ

6

れば曲線も直線とみなせる範囲ということです[17]．したがって，前述の **u** も "微小" な変位です．

点 $A$ と $B$ の間の距離（ベクトル $\overrightarrow{AB}$ の長さ）$dl$ は両者の座標から

$$(dl)^2 = (x + dx - x)^2 + (y + dy - y)^2 + (z + dz - z)^2$$
$$= (dx)^2 + (dy)^2 + (dz)^2 \tag{3}$$

です．$A$, $A'$ と同じように $B$ も変形後には $B'$ となり，変形後の2点 $A'$ と $B'$ の間の距離（ベクトル $\overrightarrow{A'B'}$ の長さ）を $dl'$ と置きます（図4）．点 $B'$ の座標と $dl'$ は次節で求めます．


## 微分と弾性体の伸び

ここで "微分" というものを説明します．地点 $x$ の関数 $f(x)$ があるとき，$f(x)$ のグラフ上の一般的な点 $F$ を始点とする微小な区間 $dx$ を考えます．前節の "微小" の定義から，このグラフも区間 $dx$ の中では直線とみなせます（図5の灰色太線）．点 $F$ は地点 $x$ にあるとすれば，この直線の傾きは $\dfrac{f(x + dx) - f(x)}{dx}$ となります．これは $f$ の変化を区間 $dx$ で割ったものですから，$f$ の**変化率**と見ることができます．$f$ の変化は $dx$ と同じように微小であり $df$ と表すとすれば，傾きは $\dfrac{df}{dx}$ と表され，これを**微分**とよびます．

$$\frac{f(x + dx) - f(x)}{dx} = \frac{df}{dx} \tag{4}$$

ですから

$$f(x + dx) = f(x) + \frac{df}{dx} dx \tag{5}$$

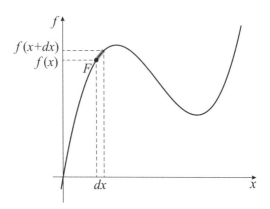

**図5** $f(x)$ のグラフと点 $F$ における微分.

になります．なお，区間 $dx$ を図 6 のようにグラフに沿って $\dfrac{dx}{2}$ だけ右にずらしても，$dx$ が微小ならば傾きは変化しないと考えられるので，微分を

$$\frac{f\left(x+\dfrac{dx}{2}\right)-f\left(x-\dfrac{dx}{2}\right)}{dx}=\frac{df}{dx} \tag{6}$$

と定義することもできます．また，$\dfrac{df}{dx}$ の変化率も定義できて，これを**二階微分**とよび $\dfrac{d^2f}{dx^2}$ と書けます．

地点 $x$ を図 4 のような 3 次元の地点 $(x,y,z)$ に拡張します．$f$ も $x$ だけではなく $y$ や $z$ の関数でもあるとし，$f(x,y,z)$ と書くことにします．そうした場合に，一つの変数だけに関する微分を**偏微分**とよび，たとえば $x$ に関するものは

$$\frac{f(x+dx,y,z)-f(x,y,z)}{dx}=\frac{\partial f}{\partial x} \tag{7}$$

と定義し，(5) 式と同じように

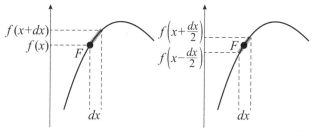

**図 6** 図 5 の点 $F$ 付近の拡大図（左）と区間 $dx$ をグラフに沿って左に $\frac{dx}{2}$ ずらしたもの（右）.

$$f(x + dx, y, z) = f + \frac{\partial f}{\partial x}dx \tag{8}$$

と変形できます．簡単のため (8) 式の右辺の $f(x, y, z)$ を単に $f$ と書いています．なお，微分の (6) 式と同じように，偏微分を

$$\frac{f\left(x + \dfrac{dx}{2}, y, z\right) - f\left(x - \dfrac{dx}{2}, y, z\right)}{dx} = \frac{\partial f}{\partial x} \tag{9}$$

と定義することもできます．また，二階微分と同じように**二階偏微分**を定義できて $\frac{\partial^2 f}{\partial x^2}$ と書けます．偏微分の場合，$\frac{\partial^2 f}{\partial x \partial y}$ など，違う変数の二階偏微分も定義できます．

$y$, $z$ に関しても微小な区間 $dy$, $dz$ を考えれば

$$f(x + dx, y + dy, z + dz) = f + \frac{\partial f}{\partial x}dx + \frac{\partial f}{\partial y}dy + \frac{\partial f}{\partial z}dz \tag{10}$$

になります．(10) 式を $u_x$, $u_y$, $u_z$ に適用すると，たとえば $u_x$ に対しては

$$u_x(x + dx, y + dy, z + dz) = u_x + \frac{\partial u_x}{\partial x}dx + \frac{\partial u_x}{\partial y}dy + \frac{\partial u_x}{\partial z}dz \tag{11}$$

になります．ここで $u_x$ は大きく変化しないとして偏微分の $\dfrac{\partial u_x}{\partial x}$ などは微小であるとします．$u_y$ や $u_z$ に対しても (11) 式と同様の式が成り立ち，偏微分の $\dfrac{\partial u_y}{\partial x}$ や $\dfrac{\partial u_z}{\partial x}$ なども微小であるとします．

座標 $(x+dx, y+dy, z+dz)$ の点 B における変位 $\mathbf{u}'$ は $(u_x(x+dx, y+dy, z+dz), u_y(x+dx, y+dy, z+dz), u_z(x+dx, y+dy, z+dz))$ になります．これに (11) 式などを代入すれば

$$\mathbf{u}' = \left( u_x + \frac{\partial u_x}{\partial x}dx + \frac{\partial u_x}{\partial y}dy + \frac{\partial u_x}{\partial z}dz, u_y + \frac{\partial u_y}{\partial x}dx \right.$$
$$\left. + \frac{\partial u_y}{\partial y}dy + \frac{\partial u_y}{\partial z}dz, u_z + \frac{\partial u_z}{\partial x}dx + \frac{\partial u_z}{\partial y}dy + \frac{\partial u_z}{\partial z}dz \right). \quad (12)$$

$(x, y, z)$ にある点 A が $\mathbf{u} = (u_x, u_y, u_z)$ だけ変位した点 A$'$ の座標は各成分の足し算になって $(x+u_x, y+u_y, z+u_z)$ としていますから，点 B$'$ の座標も点 B の座標と $\mathbf{u}'$ の各成分の足し算であるはずです．したがって，点 B$'$ の座標は

$$\left( x + dx + u_x + \frac{\partial u_x}{\partial x}dx + \frac{\partial u_x}{\partial y}dy + \frac{\partial u_x}{\partial z}dz, \right.$$
$$y + dy + u_y + \frac{\partial u_y}{\partial x}dx + \frac{\partial u_y}{\partial y}dy + \frac{\partial u_y}{\partial z}dz,$$
$$\left. z + dz + u_z + \frac{\partial u_z}{\partial x}dx + \frac{\partial u_z}{\partial y}dy + \frac{\partial u_z}{\partial z}dz \right) \quad (13)$$

と表されます．

点 A$'$ と B$'$ の間の距離（$\overrightarrow{A'B'}$ の長さ）$dl'$ は，AB 間の距離（$\overrightarrow{AB}$ の長さ）$dl$ と同じように各成分の差の二乗和

$$(dl')^2 = \left( x + dx + u_x + \frac{\partial u_x}{\partial x}dx + \frac{\partial u_x}{\partial y}dy + \frac{\partial u_x}{\partial z}dz - x - u_x \right)^2$$

$$+ \left(y + dy + u_y + \frac{\partial u_y}{\partial x}dx + \frac{\partial u_y}{\partial y}dy + \frac{\partial u_y}{\partial z}dz - y - u_y\right)^2$$

$$+ \left(z + dz + u_z + \frac{\partial u_z}{\partial x}dx + \frac{\partial u_z}{\partial y}dy + \frac{\partial u_z}{\partial z}dz - z - u_z\right)^2$$

$$= \left(dx + \frac{\partial u_x}{\partial x}dx + \frac{\partial u_x}{\partial y}dy + \frac{\partial u_x}{\partial z}dz\right)^2 + \left(dy + \frac{\partial u_y}{\partial x}dx\right.$$

$$\left. + \frac{\partial u_y}{\partial y}dy + \frac{\partial u_y}{\partial z}dz\right)^2 + \left(dz + \frac{\partial u_z}{\partial x}dx + \frac{\partial u_z}{\partial y}dy + \frac{\partial u_z}{\partial z}dz\right)^2 \tag{14}$$

から得られます. 多項式の公式

$$(a + b + c + d)^2$$

$$= a^2 + b^2 + (c + d)^2 + 2ab + 2a(c + d) + 2b(c + d)$$

$$= a^2 + b^2 + c^2 + d^2 + 2ab + 2ac + 2ad + 2bc + 2bd + 2cd \tag{15}$$

を用いれば, (14) 式の第 1 項は

$$(dx)^2 + \left(\frac{\partial u_x}{\partial x}dx\right)^2 + \left(\frac{\partial u_x}{\partial y}dy\right)^2 + \left(\frac{\partial u_x}{\partial z}dz\right)^2$$

$$+ 2\frac{\partial u_x}{\partial x}(dx)^2 + 2\frac{\partial u_x}{\partial y}dxdy + 2\frac{\partial u_x}{\partial z}dxdz$$

$$+ 2\frac{\partial u_x}{\partial x}\frac{\partial u_x}{\partial y}dxdy + 2\frac{\partial u_x}{\partial x}\frac{\partial u_x}{\partial z}dxdz + 2\frac{\partial u_x}{\partial y}\frac{\partial u_x}{\partial z}dydz \tag{16}$$

となります.

(16) 式の各項には, 偏微分 $\dfrac{\partial u_x}{\partial x}$, $\dfrac{\partial u_x}{\partial y}$, または $\dfrac{\partial u_x}{\partial z}$ がまったく含まれないか, 一つあるいは二つ含まれています. これら偏微分は微小ですから (6 頁を参照してください) 1 より十分小さいので, それらを二つ含む項は一つしか含まない項

やまったく含まない項より十分小さくなります。そうすると，(14) 式の第 1 項は

$$(dx)^2 + 2\frac{\partial u_x}{\partial x}(dx)^2 + 2\frac{\partial u_x}{\partial y}dxdy + 2\frac{\partial u_x}{\partial z}dxdz \qquad (17)$$

と近似できるはずです。第 2 項，第 3 項も同じように近似すると，(14) 式は結局

$$
\begin{aligned}
(dl')^2 \sim\ & (dx)^2 + (dy)^2 + (dz)^2 \\
& + 2\frac{\partial u_x}{\partial x}(dx)^2 + 2\frac{\partial u_x}{\partial y}dxdy + 2\frac{\partial u_x}{\partial z}dxdz \\
& + 2\frac{\partial u_y}{\partial x}dydx + 2\frac{\partial u_y}{\partial y}(dy)^2 + 2\frac{\partial u_y}{\partial z}dydz \\
& + 2\frac{\partial u_z}{\partial x}dzdx + 2\frac{\partial u_z}{\partial y}dzdy + 2\frac{\partial u_z}{\partial z}(dz)^2 \qquad (18)
\end{aligned}
$$

となりますから（〜 は「近似的に等しい」を意味します），(3) 式を用いて

$$
\begin{aligned}
(dl')^2 - (dl)^2 \sim\ & 2\frac{\partial u_x}{\partial x}(dx)^2 + 2\frac{\partial u_x}{\partial y}dxdy + 2\frac{\partial u_x}{\partial z}dxdz \\
& + 2\frac{\partial u_y}{\partial x}dydx + 2\frac{\partial u_y}{\partial y}(dy)^2 + 2\frac{\partial u_y}{\partial z}dydz \\
& + 2\frac{\partial u_z}{\partial x}dzdx + 2\frac{\partial u_z}{\partial y}dzdy + 2\frac{\partial u_z}{\partial z}(dz)^2 \qquad (19)
\end{aligned}
$$

が得られます。

　さらには，(14) 式の第 1 項において偏微分を二つ含む項だけでなく，一つ含む項も省いてしまうと $(dx)^2$ が残るだけです。第 2 項，第 3 項にも同様の近似を施すと

$$(dl')^2 \sim (dx)^2 + (dy)^2 + (dz)^2 = (dl)^2 \qquad (20)$$

ですから，(3) 式を用いて

$$dl' + dl \sim 2dl \qquad (21)$$

という近似も成り立ちます.

## 弾性体のひずみと三角関数

弾性体のうち AB 間の部分は変形して長さ $dl$ から $dl'$ になるので,その**伸び**は $dl' - dl$ であり,**伸び率**は $\dfrac{dl' - dl}{dl}$ です.伸び率の分母・分子に $dl' + dl$ を掛けて (21) 式の近似を行うと

$$\frac{dl' - dl}{dl} = \frac{(dl' - dl)(dl' + dl)}{dl(dl' + dl)} \sim \frac{(dl')^2 - (dl)^2}{2(dl)^2} \qquad (22)$$

となります[13]. この式に (19) 式を代入すると

$$\begin{aligned}
\frac{dl' - dl}{dl} \sim {} & \frac{\partial u_x}{\partial x}\frac{(dx)^2}{(dl)^2} + \frac{\partial u_x}{\partial y}\frac{dxdy}{(dl)^2} + \frac{\partial u_x}{\partial z}\frac{dxdz}{(dl)^2} \\
& + \frac{\partial u_y}{\partial x}\frac{dydx}{(dl)^2} + \frac{\partial u_y}{\partial y}\frac{(dy)^2}{(dl)^2} + \frac{\partial u_y}{\partial z}\frac{dydz}{(dl)^2} \\
& + \frac{\partial u_z}{\partial x}\frac{dzdx}{(dl)^2} + \frac{\partial u_z}{\partial y}\frac{dzdy}{(dl)^2} + \frac{\partial u_z}{\partial z}\frac{(dz)^2}{(dl)^2}.
\end{aligned} \qquad (23)$$

ここで

$$e_{ij} = \frac{1}{2}\left(\frac{\partial u_i}{\partial x_j} + \frac{\partial u_j}{\partial x_i}\right) \qquad (24)$$

と定義されて,**ひずみ**とよばれる量を導入します.$i$ は $x$, $y$ または $z$ を表し,$j$ も同様に $x$, $y$ または $z$ を表して,$x_x$, $x_y$, $x_z$ はそれぞれ $x$ 座標,$y$ 座標,$z$ 座標を意味します.

そうであれば,$i = x$, $j = x$ のとき

$$e_{xx} = \frac{1}{2}\left(\frac{\partial u_x}{\partial x} + \frac{\partial u_x}{\partial x}\right) = \frac{\partial u_x}{\partial x} \qquad (25)$$

であり,これに $\dfrac{dx_i dx_j}{(dl)^2} = \dfrac{(dx)^2}{(dl)^2}$ を掛けたものは (23) 式の右辺

の1行1列の項に相当します.

また, $i = x$, $j = y$ のとき

$$e_{xy} = \frac{1}{2}\left(\frac{\partial u_x}{\partial y} + \frac{\partial u_y}{\partial x}\right) \tag{26}$$

ですが, これに $\dfrac{dx_i dx_j}{(dl)^2} = \dfrac{dxdy}{(dl)^2}$ を掛けたものは1行2列と2行1列の項の和の $\dfrac{1}{2}$ に相当します.

同じく $i = y$, $j = x$ のとき

$$e_{yx} = \frac{1}{2}\left(\frac{\partial u_y}{\partial x} + \frac{\partial u_x}{\partial y}\right) = e_{xy} \tag{27}$$

ですから, 1行2列と2行1列の項の和は

$$e_{xy}\frac{dxdy}{(dl)^2} + e_{yx}\frac{dydx}{(dl)^2} \tag{28}$$

になります.

以上の対応関係をほかの項に対しても適用すると, (23) 式は

$$\begin{aligned}\frac{dl' - dl}{dl} \sim\ & e_{xx}\frac{(dx)^2}{(dl)^2} + e_{xy}\frac{dxdy}{(dl)^2} + e_{xz}\frac{dxdz}{(dl)^2} + e_{yx}\frac{dydx}{(dl)^2}\\ & + e_{yy}\frac{(dy)^2}{(dl)^2} + e_{yz}\frac{dydz}{(dl)^2} + e_{zx}\frac{dzdx}{(dl)^2} + e_{zy}\frac{dzdy}{(dl)^2} + e_{zz}\frac{(dz)^2}{(dl)^2}\end{aligned} \tag{29}$$

とすることができます. 和の記号を用いれば

$$\frac{dl' - dl}{dl} \sim \sum_{i=x,y,z}\sum_{j=x,y,z} e_{ij}\frac{dx_i dx_j}{(dl)^2} \tag{30}$$

とすることもできます. (29) 式や (30) 式は, 3次元弾性体の伸び率がひずみ $e_{ij}$ の組み合わせで表されることを意味しています. このことは, 1次元弾性体において, 伸び率が $e$ で

表されることに相当します.

　たとえば $x$ 軸方向の**伸び率**は, $dy = dz = 0$ とおいて点 $A, B$ を $x$ 軸に沿って並べ, (29) 式を計算すればよいことになります. $dy = dz = 0$ ですから, (29) 式の中では第 1 項の $e_{xx} \dfrac{(dx)^2}{(dl)^2}$ を除いて, それ以外の項はゼロになってしまいます. また, (3) 式と $dy = dz = 0$ から $dl = dx$ ですので第 1 項はさらに $e_{xx}$ となり, $e_{xx}$ は $x$ 軸方向の伸び率に等しくなります. $e_{yy}$, $e_{zz}$ についても同様ですので $e_{ii}$ ($i = x,\ y$ または $z$) は**垂直ひずみ**とよばれ, $x,\ y$ または $z$ 軸方向の伸び率を表しています. また, その和である $e_{\mathrm{V}} = e_{xx} + e_{yy} + e_{zz}$ は**体積ひずみ**とよばれ, 弾性体の体積の膨張率を表しています.

　一方, $i \neq j$ の場合の $e_{ij}$ は**せん断ひずみ**とよばれ, 弾性体の変形の角度を表現しています. このせん断ひずみの意味を解説するのはかなりの紙数を要しますので次節で行いますが, 解説のために必要な**三角関数**についてここで説明します. 代表的な三角関数である sin, cos, tan は図 7 の黒い実線の直角三角形の角度 $\alpha$ に対して, 各辺の長さ (上側の罫線で表します) を用いて

$$\sin \alpha = \frac{\overline{\text{対辺}}}{\overline{\text{斜辺}}}, \quad \cos \alpha = \frac{\overline{\text{隣辺}}}{\overline{\text{斜辺}}}, \quad \tan \alpha = \frac{\overline{\text{対辺}}}{\overline{\text{隣辺}}} \tag{31}$$

と定義されます. この定義と**ピタゴラスの定理**($\overline{\text{対辺}}^2 + \overline{\text{隣辺}}^2 = \overline{\text{斜辺}}^2$) から

$$\tan \alpha = \frac{\sin \alpha}{\cos \alpha}, \quad \sin^2 \alpha + \cos^2 \alpha = 1 \tag{32}$$

という公式が成り立ちます. $\sin^2 \alpha$, $\cos^2 \alpha$ はそれぞれ $(\sin \alpha)^2$,

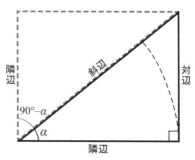

**図 7** 角度 $\alpha$ に対する三角関数のための直角三角形（黒色）の定義．角度 $90° - \alpha$ に対する直角三角形は灰色で描かれている．

$(\cos \alpha^2)$ を意味します．また，図の灰色点線の直角三角形において角度 $90° - \alpha$ に隣り合う隣辺が，黒い実線の直角三角形において角度 $\alpha$ に相対する対辺に等しいですから，

$$\cos(90° - \alpha) = \sin \alpha \tag{33}$$

という公式も得られます．さらには，角度 $\alpha$ を「ラジアン＝円弧の長さ/半径」で測るとするとき半径は隣辺に等しく，$\alpha$ が微小ならば円弧（図中黒い点線）の長さは対辺の長さに近付きますから，

$$\sin \alpha \sim \alpha \tag{34}$$

という近似式が成り立ちます．

　図 8 のように，同じ大きさの直角三角形 ABC と A′BC が背中合わせに隣り合って二等辺三角形 AA′B となっているとし，点 A から辺 A′B に降ろした垂線の足を H とします．$\angle ABC = \angle A'BC = \alpha$，$\overline{AB} = \overline{A'B} = l$ とおけば

$$\overline{AH} = l \sin 2\alpha, \quad \overline{BH} = l \cos 2\alpha, \quad \overline{AC} = \overline{A'C} = l \sin \alpha \tag{35}$$

16

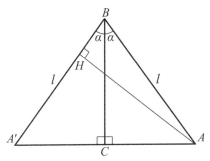

**図 8** 頂点の角度が同じ $\alpha$ である二つの直角三角形 $ABC$ と $A'BC$ が背中合わせに隣り合って頂点の角度が倍角 $2\alpha$ の二等辺三角形 $AA'B$ となっている.

です. 直角三角形 AA'H にピタゴラスの定理を適用して $l^2$ で割れば, $(2\sin\alpha)^2 = (1 - \cos 2\alpha)^2 + \sin^2 2\alpha$ となり, これを整理して (32) 式から $\sin^2 2\alpha + \cos^2 2\alpha = 1$ を代入すれば

$$\cos 2\alpha = 1 - 2\sin^2\alpha. \tag{36}$$

また, 直角三角形 $A'BC$ において $\angle BA'C = 90° - \alpha$ ですから, 直角三角形 AA'H において $\angle A'AH = 90° - \angle AA'H = 90° - \angle BA'C = \alpha$. したがって, $\overline{AH} = (\overline{AC} + \overline{A'C})\cos\alpha$ ですから

$$\sin 2\alpha = 2\sin\alpha\cos\alpha \tag{37}$$

が得られます. (36) 式と (37) 式が**倍角の公式**です.


## せん断ひずみの意味

たとえば, 弾性体中の $x-y$ 平面に $x$ 軸および $y$ 軸に沿って直交する 2 本の短いベクトル $\overrightarrow{AB_x}$ と $\overrightarrow{AB_y}$ があるとします (図

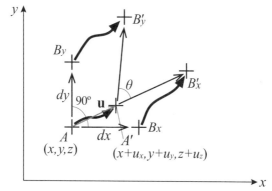

**図 9**　弾性体の変形前後になす角度が 90° または $\theta$ である 2 本の短いベクトル（纐纈[14] による）.

9）．ベクトルの長さをそれぞれ $dx$, $dy$ とし，点 $A$ の座標を $(x, y, z)$ とすれば，点 $B_x$ と $B_y$ の座標は $(x+dx, y, z)$, $(x, y+dy, z)$ です．図 4 と同じように，点 A が変形により $\mathbf{u} = (u_x, u_y, u_z)$ だけ変位して座標 $(x+u_x, y+u_y, z+u_z)$ の点 $A'$ になったとし，点 $B_x$, $B_y$ も変形により $B'_x$, $B'_y$ になったとします．$B'_x$, $B'_y$ の座標は (13) 式において $dy = dz = 0$ または $dx = dz = 0$ とすることで

$$\left( x + dx + u_x + \frac{\partial u_x}{\partial x}dx, y + u_y + \frac{\partial u_y}{\partial x}dx, z + u_z + \frac{\partial u_z}{\partial x}dx \right),$$

$$\left( x + u_x + \frac{\partial u_x}{\partial y}dy, y + dy + u_y + \frac{\partial u_y}{\partial y}dy, z + u_z + \frac{\partial u_z}{\partial y}dy \right) \quad (38)$$

と得られます．

　ベクトルの成分表示は終点と始点の座標の差ですから

$$\overrightarrow{A'B'_x} = \left( dx + \frac{\partial u_x}{\partial x}dx, \frac{\partial u_y}{\partial x}dx, \frac{\partial u_z}{\partial x}dx \right),$$

$$\overrightarrow{A'B'_y} = \left(\frac{\partial u_x}{\partial y}dy, dy + \frac{\partial u_y}{\partial y}dy, \frac{\partial u_z}{\partial y}dy\right) \tag{39}$$

であり，それぞれの長さ $dl'_x$, $dl'_y$ は (14) 式に $dy = dz = 0$ または $dx = dz = 0$ を代入した

$$(dl'_x)^2 = \left\{\left(1 + \frac{\partial u_x}{\partial x}\right)^2 + \left(\frac{\partial u_y}{\partial x}\right)^2 + \left(\frac{\partial u_z}{\partial x}\right)^2\right\}(dx)^2,$$

$$(dl'_y)^2 = \left\{\left(\frac{\partial u_x}{\partial y}\right)^2 + \left(1 + \frac{\partial u_y}{\partial y}\right)^2 + \left(\frac{\partial u_z}{\partial y}\right)^2\right\}(dy)^2 \tag{40}$$

より算出されます．

これら変形後のベクトル $\overrightarrow{A'B'_x}$ と $\overrightarrow{A'B'_y}$ は一般に直交しません．両ベクトルのなす角度を $\theta$ として（図9），この $\theta$ を求めるために高校で履修するベクトルの**内積**と三角関数を利用します．成分表示が $(a_x, a_y, a_z)$ であるベクトル $\mathbf{a}$ と $(b_x, b_y, b_z)$ であるベクトル $\mathbf{b}$ があるとき，両方の始点を座標系の原点 $O$ に一致するように移動させると，それぞれの終点 $A$, $B$ の座標はそれぞれの成分表示になります（図10）．$\mathbf{a}$ と $\mathbf{b}$ の内積 $\mathbf{a} \cdot \mathbf{b}$ は

$$\mathbf{a} \cdot \mathbf{b} = a_x b_x + a_y b_y + a_z b_z \tag{41}$$

と定義されます．

ベクトルの"内積"の図10に戻って，$\varphi$ は，$\mathbf{a}$ と $\mathbf{b}$ の両方が載っている平面（図10では楕円で描かれています）において $\mathbf{a}$ と $\mathbf{b}$ がなす角度です．6頁に定義しましたように，$|\mathbf{a}|$, $|\mathbf{b}|$ はそれぞれベクトル $\mathbf{a}$, $\mathbf{b}$ の大きさ（長さ）を表します．点 $B$ から線分 $OA$ に垂線を引いてその足を $H$ とします．直角三角形 $OHB$ に (31) 式を適用すると

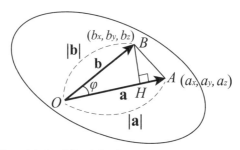

**図 10** ベクトルの内積の定義に使われる角度，絶対値や成分表示．

$$\sin\varphi = \frac{\overline{BH}}{|\mathbf{b}|}, \quad \cos\varphi = \frac{\overline{OH}}{|\mathbf{b}|}. \tag{42}$$

直角三角形 $ABH$ にピタゴラスの定理を適用すると

$$\overline{AB}^2 = \overline{AH}^2 + \overline{BH}^2 = (\overline{OA} - \overline{OH})^2 + \overline{BH}^2 \tag{43}$$

となります．(42) 式を代入し，一部を残して成分表示に書き換えると

$$
\begin{aligned}
(a_x - b_x)^2 &+ (a_y - b_y)^2 + (a_z - b_z)^2 \\
&= \left(a_x^2 + a_y^2 + a_z^2\right) + \cos^2\varphi\left(b_x^2 + b_y^2 + b_z^2\right) \\
&\quad - 2|\mathbf{a}||\mathbf{b}|\cos\varphi + \sin^2\varphi\left(b_x^2 + b_y^2 + b_z^2\right).
\end{aligned} \tag{44}
$$

(44) 式の両辺を整理して，(32) 式から $\sin^2\varphi + \cos^2\varphi = 1$ を代入すると

$$-2\left(a_x b_x + a_y b_y + a_z b_z\right) = -2|\mathbf{a}||\mathbf{b}|\cos\varphi. \tag{45}$$

これと (41) 式から，内積の第 2 の定義式

$$\mathbf{a}\cdot\mathbf{b} = |\mathbf{a}||\mathbf{b}|\cos\varphi \tag{46}$$

が得られました.

(46) 式を，図 9 の $\overrightarrow{A'B'_x}$ と $\overrightarrow{A'B'_y}$ に適用して，(39) 式を用いると

$$\overrightarrow{A'B'_x} \cdot \overrightarrow{A'B'_y} = dl'_x dl'_y \cos\theta$$

$$= \left\{ \left(1 + \frac{\partial u_x}{\partial x}\right)\frac{\partial u_x}{\partial y} + \frac{\partial u_y}{\partial x}\left(1 + \frac{\partial u_y}{\partial y}\right) + \frac{\partial u_z}{\partial x}\frac{\partial u_z}{\partial y} \right\} dxdy \quad (47)$$

が得られます．(40) 式において偏微分を含む項をすべて省くと $dl'_x \sim dx$, $dl'_y \sim dy$ であり，(47) 式の右辺において偏微分を二つ含む項を省くと，この右辺は $\left(\dfrac{\partial u_x}{\partial y} + \dfrac{\partial u_y}{\partial x}\right)dxdy$ と近似され，さらに (26) 式を代入すれば $2e_{xy}dxdy$ となります．これらを (47) 式に代入して両辺を $dxdy$ で割れば

$$\cos\theta = 2\,e_{xy} \quad (48)$$

が得られます．

二つのベクトルがなす角度は 90° から $\theta$ に変わったわけですので，角度の減少 $\alpha = 90° - \theta$ が定義できます．(33) 式の公式や $\alpha$ が微小なラジアンであるときの近似式（(34) 式）を用いると

$$\cos\theta = \cos(90° - \alpha) = \sin\alpha \sim \alpha \quad (49)$$

となります．(48) 式と (49) 式を組み合わせれば

$$e_{xy} \sim \frac{\alpha}{2} \quad (50)$$

が最終的に得られ，せん断ひずみ $e_{xy}$ は，変形前に $x$ 軸，$y$ 軸に平行であった二つのベクトルがなすラジアンの角度が，変形によって減少した分の半分を表します[13]．この解釈はすべ

てのせん断ひずみに当てはまり，$e_{ij}$（$i \neq j$）は，変形前に $i$ 軸，$j$ 軸に平行であった二つのベクトルがなすラジアンの角度が，変形によって減少した分の半分を表します．

## 弾性体にかかる力

弾性体が変形すれば，変形に伴って弾性体の各部に力がかかります．この力を考えるためには，力がかかっている場所（**作用点**とよばれます）を特定しなければなりません．弾性体は連続的に広がっているので，中に切れ目（断面）があるわけではないですが，想像上の微小な断面 $dS$ を考えます．$dS$ は"微小"ですので，1次元の微小区間 $dx$ では曲線を直線とみなせるように（6頁），断面は平面とみなせるはずです．平面に垂直な**単位ベクトル**（長さが1であるベクトル）は**法線ベクトル**とよばれ，この断面の法線ベクトルを **n**（|**n**| = 1）と表します．

弾性体の断面周辺の領域のうち，**n** と同じ向きの側にあるものを正の領域 [+] とよび，**n** と反対向きの側にあるものを負の領域 [−] とよびます．**n** の方向の微小な力 $d\mathbf{F}$ は，正の領域が負の領域を引っぱるように働いているとします（以上，図11）．一般に**力**には方向がありますから $d\mathbf{F}$ も方向を含むベクトルです．(1) 式のフックの法則を用いるためには単位断面積あたりの力が必要なので

$$\mathbf{T}_n = \frac{d\mathbf{F}}{dS} \tag{51}$$

を定義し，**応力ベクトル**とよぶことにします（なぜこうよぶの

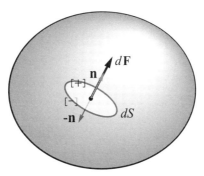

**図 11** 弾性体の中に想定した微小な断面 $dS$．その法線ベクトル **n** の方向の微小な力 $d\mathbf{F}$ は，弾性体の断面周辺において正の領域 [+] が負の領域 [−] を引っぱる形で働いているとする．

かは後述します）．$d\mathbf{F}$ は正の領域が負の領域を引っぱるように働いていますから $\mathbf{T}_n$ も同様です．そこで，応力ベクトルは引っぱる力（牽引力）の英訳である**トラクション**（traction）とよばれることもあります．また，負の領域が正の領域を引っぱる応力ベクトルを $\mathbf{T}_{-n}$ とします．たとえ地震が起きたとしても，断面とその周辺の領域が地球や地下構造から独立して運動することはあり得ないですから，断面とその周辺領域において力（応力ベクトル×断面積）はつり合って $\mathbf{T}_n dS + \mathbf{T}_{-n} dS = 0$ であるはずです．したがって

$$\mathbf{T}_{-n} = -\mathbf{T}_n \tag{52}$$

が得られます．

(52) 式のようなつり合いが成り立っているということは，弾性体における応力ベクトルが，高校で履修する**内力**に相当することを意味します．内力は「物体系・質点系などで系内

の物体・質点相互間に働く力」[20] であって，**作用反作用の法則（運動の第三法則）** からつり合い，物体系・質点系の運動には寄与しません．したがって，応力ベクトルしか存在しないならば，弾性体は変形はしますが，全体が運動するということはありません．

## 応力の定義

次に，$dS$ が図 12 のような微小な三角形 $ABC$ である場合を考えます．$ABC$ と $x, y, z$ 軸に垂直な面に囲まれた微小領域において，図に示すように各面での外向きの応力ベクトルを $\mathbf{T}_n$ および $\mathbf{T}_{-x}, \mathbf{T}_{-y}, \mathbf{T}_{-z}$（$ABC$ 以外の面は $x, y, z$ 軸の負の方向を向いている）とします．再び力（応力ベクトル×断面積）のつり合いにより $\mathbf{T}_n \, \Delta ABC + \mathbf{T}_{-x} \, \Delta BOC + \mathbf{T}_{-y} \, \Delta COA + \mathbf{T}_{-z} \, \Delta AOB = 0$

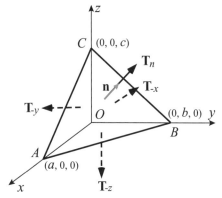

**図 12** 応力ベクトルの分解（纐纈[14] に加筆）．

ですが，(52) 式を用いれば $\mathbf{T}_{-x} = -\mathbf{T}_x$，$\mathbf{T}_{-y} = -\mathbf{T}_y$，$\mathbf{T}_{-z} = -\mathbf{T}_z$ ですので，つり合いの方程式は

$$\mathbf{T}_n \Delta ABC = \mathbf{T}_x \Delta BOC + \mathbf{T}_y \Delta COA + \mathbf{T}_z \Delta AOB \qquad (53)$$

となります．

(53) 式の中の面積を計算するためにベクトルの**外積**を利用します．"内積"（19 頁，20 頁）と異なり "外積" は高校で履修しません．また，内積 $\mathbf{a} \cdot \mathbf{b}$（(41) 式，(46) 式）はスカラーですが，外積は二つのベクトル $\mathbf{a}$，$\mathbf{b}$ に対して

$$\mathbf{a} \times \mathbf{b} = (a_y b_z - a_z b_y, a_z b_x - a_x b_z, a_x b_y - a_y b_x) \qquad (54)$$

と定義されるベクトルです（図 13）．ベクトルの向きは $\mathbf{a}$ を $x$ 軸，$\mathbf{b}$ を $y$ 軸とした右手系デカルト座標系（図 2）の $z$ 軸の方向を正の向きに取ります．(41) 式によって $\mathbf{a} \times \mathbf{b}$ と $\mathbf{a}$ ある

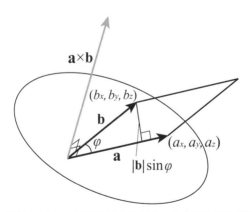

**図 13** 図 10 と同じ $\mathbf{a}$，$\mathbf{b}$ に定義される外積 $\mathbf{a} \times \mathbf{b}$（灰色矢印のベクトル）．$\mathbf{a}$ と $\mathbf{b}$ が作る平行四辺形の底辺が $|\mathbf{a}|$，高さが $|\mathbf{b}| \sin \varphi$．

いは **b** との内積を計算してみるとどちらもゼロになりますから，それぞれとなす角が90°（cos がゼロ），つまり図13のように直交します．(54) 式と (41) 式，(46) 式から

$$|\mathbf{a} \times \mathbf{b}|^2 = (a_y b_z - a_z b_y)^2 + (a_z b_x - a_x b_z)^2 + (a_x b_y - a_y b_x)^2$$

$$= (a_x^2 + a_y^2 + a_z^2)(b_x^2 + b_y^2 + b_z^2) - (a_x b_x + a_y b_y + a_z b_z)^2$$

$$= |\mathbf{a}|^2 |\mathbf{b}|^2 - (|\mathbf{a}||\mathbf{b}| \cos \varphi)^2 = (|\mathbf{a}||\mathbf{b}| \sin \varphi)^2 \tag{55}$$

が得られるので，外積のベクトルの長さは $|\mathbf{a}||\mathbf{b}| \sin \varphi$ であり，それは図13が示すように **a** と **b** が作る平行四辺形の面積です．

この外積の大きさの公式を用いれば，三角形 $ABC$ は $\overrightarrow{AB}$ と $\overrightarrow{AC}$ が形作る平行四辺形の半分ですから，

$$\Delta ABC = \frac{1}{2} \left| \overrightarrow{AB} \times \overrightarrow{AC} \right| = \frac{1}{2} |(-a, b, 0) \times (-a, 0, c)|$$

$$= \frac{1}{2} |(bc, ca, ab)| = \frac{1}{2} \sqrt{b^2 c^2 + c^2 a^2 + a^2 b^2}. \tag{56}$$

同じように

$$\Delta BOC = \frac{1}{2} \left| \overrightarrow{OB} \times \overrightarrow{OC} \right| = \frac{1}{2} |(0, b, 0) \times (0, 0, c)|$$

$$= \frac{1}{2} |(bc, 0, 0)| = \frac{1}{2} bc \tag{57}$$

ですので

$$\frac{\Delta BOC}{\Delta ABC} = \frac{bc}{\sqrt{b^2 c^2 + c^2 a^2 + a^2 b^2}}. \tag{58}$$

一方，$\overrightarrow{AB}$ と $\overrightarrow{AC}$ の外積はそれらベクトルに垂直ですから，$\overrightarrow{AB}$ と $\overrightarrow{AC}$ で構成される三角形 $ABC$ に垂直，つまり $ABC$ の法線ベクトル **n** に相当するはずです．ただし，単位ベクトルにはなっていないので

$$\mathbf{n} = \frac{\overrightarrow{AB} \times \overrightarrow{AC}}{\left| \overrightarrow{AB} \times \overrightarrow{AC} \right|} = \frac{(bc, ca, ab)}{\sqrt{b^2c^2 + c^2a^2 + a^2b^2}} \,. \tag{59}$$

$\mathbf{n} = (n_x, n_y, n_z)$ とすれば (58) 式, (59) 式から $n_x = \dfrac{\Delta BOC}{\Delta ABC}$. 同様の手続きで $n_y = \dfrac{\Delta COA}{\Delta ABC}$, $n_z = \dfrac{\Delta AOB}{\Delta ABC}$ が得られるので, これらを (53) 式に代入すれば, $\mathbf{T}_n$ は

$$\mathbf{T}_n = n_x \mathbf{T}_x + n_y \mathbf{T}_y + n_z \mathbf{T}_z \tag{60}$$

と分解できることがわかります.

さらに, $\mathbf{T}_x$ などは $x$, $y$, $z$ 軸に沿った基本ベクトル (座標軸に沿った単位ベクトル) $\mathbf{e}_x$, $\mathbf{e}_y$, $\mathbf{e}_z$ を用いて

$$\mathbf{T}_x = \tau_{xx}\mathbf{e}_x + \tau_{xy}\mathbf{e}_y + \tau_{xz}\mathbf{e}_z \,,$$
$$\mathbf{T}_y = \tau_{yx}\mathbf{e}_x + \tau_{yy}\mathbf{e}_y + \tau_{yz}\mathbf{e}_z \,,$$
$$\mathbf{T}_z = \tau_{zx}\mathbf{e}_x + \tau_{zy}\mathbf{e}_y + \tau_{zz}\mathbf{e}_z \tag{61}$$

と成分表示できるとします. $\tau_{ij}$ は応力ベクトル $\mathbf{T}_i$ と基本ベクトル $\mathbf{e}_j$ との間の座標変換を行う**テンソル** (tensor) を構成し, **応力テンソル**とよばれます. "テンソル" に対しては, もっと一般的で複雑な定義があり相対性理論などで重要な役割を果たしていますが[4], 弾性体の力学においてはこのような定義で十分です. 応力テンソルの成分は単に**応力**とよばれます.

この "応力" と区別するために, 断面に実際に働く力は**応力ベクトル**とよばれます (22 頁). 応力 $\tau_{ij}$ は $x_i$ 軸に直交する断面に働く応力ベクトルのうち, $x_j$ 方向の成分を表します. その中でも**法線応力** (垂直応力) $\tau_{ii}$ は断面に垂直な成分, **せん断応力** (接線応力) $\tau_{ij}$ ($i \neq j$) は断面に平行な成分です.

(52) 式と同様に負の面の応力は正の面と逆符号とします[13].

# 第 2 章

# 地震の原理

## はじめに

　「まえがき」に書いたように，本書は，地震に関する重要なことは数式なしには説明できないこと，特に "ダブルカップル" について，物理や数学の知識が初学者程度の読者に解説することを目的にしています．この目的の中心部分は第 3 章以降ですが，そこで必要な物理や数学の事項のうち，幾何学や弾性体などに関わるような基本的なものは第 1 章で説明しました．本章ではさらに，"ダブルカップル" の数学的な証明などに必要になってくる，応力のつり合いと一般化されたフックの法則，運動方程式やいろいろな積分などの事項，およびそれらから発展する "相反定理" や "表現定理" を説明します．

## 応力のつり合い

さて，微小な断面 $dS$ が図 14 のような長方形である場合を考えます．ここでは，$x$ 軸に垂直で広さが $dydz$ の断面が $x$ と $x+dx$ に，$y$ 軸に垂直で広さが $dzdx$ の断面が $y$ と $y+dy$ に，$z$ 軸に垂直で広さが $dxdy$ の断面が $z$ と $z+dz$ にあり，これら 6 断面が体積 $dxdydz$ で直方体の微小領域を構成しているとします．$x$ にある $x$ 軸に垂直な断面における応力を $\tau_{xx}(x)$ などとすると，$x+dx$ にある断面では応力が，(11) 式の $u_x$ と同じように

$$\tau_{xx}(x+dx) = \tau_{xx}(x+dx, y, z) = \tau_{xx} + \frac{\partial \tau_{xx}}{\partial x}dx \qquad (62)$$

などで与えられます．

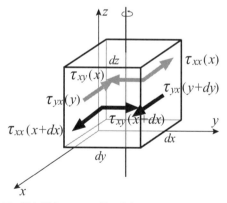

**図 14** 微小領域 $dxdydz$ に働く応力の例（纐纈 [14] に加筆）．

ここで**力のモーメント**というものを考えます．これも高校で履修しますが，物体に力が働いていて，ある軸を考えれば，力はその軸の周りに物体を回転させようとします．その回転させようとする作用の強さが力のモーメントで

$$\text{力のモーメント} = \text{力の強さ} \times \text{軸と作用線の距離} \quad (63)$$

と定義されます．**作用線**とは力の作用点から力の向きに引かれた直線を意味します．図 14 の微小直方体は弾性体の中で独立に回転することはあり得ませんから，たとえば微小直方体の中心を通る $z$ 軸に平行な軸について，すべての力のモーメントの和がゼロになる，つまり力のモーメントがつり合っていなければなりません．

　たとえば，図 14 の中の手前の面に働いている，応力 $\tau_{xx}(x+dx)$ による力は，その作用線が軸を通るので，力のモーメントはゼロです．これに対して，応力 $\tau_{xy}(x+dx)$ による力 $\tau_{xy}(x+dx)dydz$ の作用線は軸から $\dfrac{dx}{2}$ だけ離れていますから，上から見て反時計回りの力のモーメントを持っています．同様に，この面と反対側の面において $\tau_{xx}(x)$ による力のモーメントはゼロです．応力 $\tau_{xy}(x)$ による力 $\tau_{xy}(x)dydz$ は軸から $\dfrac{dx}{2}$ だけ離れ，(52) 式から向きが逆向きですから，同じく上から見て反時計回りの力のモーメントを持っています．次に，$y$ 軸に垂直な両面を考えれば力 $\tau_{yx}(x+dx)dxdz$ と $\tau_{yx}(x)dxdz$ は軸から $\dfrac{dy}{2}$ だけ離れ，上から見て時計回りの力のモーメントを持っています．反時計回りの力のモーメントは時計回りの力のモーメントにつり合って

$$\left(\tau_{xy} + \frac{\partial \tau_{xy}}{\partial x}dx\right)dydz\frac{dx}{2} + \tau_{xy}dydz\frac{dx}{2}$$

$$= \left( \tau_{yx} + \frac{\partial \tau_{yx}}{\partial y} dy \right) dxdz \frac{dy}{2} + \tau_{yx} dxdz \frac{dy}{2} \tag{64}$$

となります．これを整理すれば

$$\tau_{xy} + \frac{\partial \tau_{xy}}{\partial x} \frac{dx}{2} = \tau_{yx} + \frac{\partial \tau_{yx}}{\partial y} \frac{dy}{2} \tag{65}$$

ですから，$dx, dy \to 0$ の極限では $\tau_{xy} = \tau_{yx}$ でなければなりません．$x$ 軸，$y$ 軸に平行な軸周りの力のモーメントについても同様ですので，応力テンソル $\tau_{ij}$ は **対称テンソル**

$$\tau_{ij} = \tau_{ji} \tag{66}$$

でなければなりません．

　なお，ひずみも応力とまったく同様に，法線ベクトルが **n** である長さ $dl$ のベクトルが **u** だけ変形したとすると，**ひずみベクトル** が $\epsilon_n = \dfrac{d\mathbf{u}}{dl}$ と定義され，$\epsilon_n = n_x \epsilon_x + n_y \epsilon_y + n_z \epsilon_z$ と分解可能です．さらに $\epsilon_x, \epsilon_y, \epsilon_z$ を

$$\begin{aligned}
\epsilon_x &= e_{xx}\mathbf{e}_x + e_{xy}\mathbf{e}_y + e_{xz}\mathbf{e}_z, \\
\epsilon_y &= e_{yx}\mathbf{e}_x + e_{yy}\mathbf{e}_y + e_{yz}\mathbf{e}_z, \\
\epsilon_z &= e_{zx}\mathbf{e}_x + e_{zy}\mathbf{e}_y + e_{zz}\mathbf{e}_z
\end{aligned} \tag{67}$$

と成分表示すれば，$e_{ij}$ は (24) 式で定義されている **ひずみ** に一致し，対称な **ひずみテンソル** を構成します．この対称性は (24) 式からも容易に示すことができます．


## 一般化されたフックの法則

　1 次元弾性体ではスカラーのひずみ $e$ とスカラーの応力 $\tau$ の

間にスカラーの弾性定数 $\gamma$ を用いた比例関係，フックの法則 ((1) 式) が成り立つように，3 次元弾性体ではひずみテンソル $e_{kl}$ と応力テンソル $\tau_{ij}$ の間に比例関係，**一般化されたフックの法則**

$$\tau_{ij} = \sum_{k=x,y,z} \sum_{l=x,y,z} C_{ijkl}\, e_{kl} \tag{68}$$

が成り立ち，$C_{ijkl}$ が**一般化された弾性定数**です．1 次元弾性体では $\gamma$ 一つで済んでいたものが，3 次元弾性体の $C_{ijkl}$ は添え字が 4 つありますから，$3 \times 3 \times 3 \times 3 = 81$ 個と爆発的にふえてしまいます．

しかし，$\tau_{ij}, e_{kl}$ がともに対称テンソルですから，$C_{ijkl}$ には $C_{ijkl} = C_{jikl}, C_{ijkl} = C_{ijlk}$ の対称性があります．また，**熱力学**からの要請で**ひずみエネルギー関数**

$$W = \frac{1}{2} \sum_{i=x,y,z} \sum_{j=x,y,z} \tau_{ij} e_{ij} \tag{69}$$

が存在し，$\tau_{ij}$ と $e_{ij}$ を $\tau_{ij} = \partial W/\partial e_{ij}$ と関係付けてくれます．これにより $\tau_{ij}$ と $e_{ij}$ の間には第 3 の対称性

$$C_{ijkl} = \frac{\partial^2 W}{\partial e_{ij} \partial e_{kl}} = \frac{\partial^2 W}{\partial e_{kl} \partial e_{ij}} = C_{klij} \tag{70}$$

が存在します．以上より 81 個の $C_{ijkl}$ のうち独立なものは 21 個にまで減りました．

オックスフォード大学教授だった A. E. H. ラブが書いた弾性論の古典的な名著[39]によれば，地球や地下構造の弾性の性質が，ある座標軸周りで対称ならば，独立な弾性定数は 5 個しかありません．たとえば $z$ 軸周りに対称であるとき，

$$C_{xxxx} = C_{yyyy} = A, \quad C_{xxzz} = C_{zzxx} = C_{yyzz} = C_{zzyy} = F,$$

$$C_{zzzz} = C, \quad C_{yzyz} = C_{zxzx} = L, \quad C_{xyxy} = N \tag{71}$$

が独立な定数で，これら以外は

$$C_{xxyy} = C_{yyxx} = A - 2N \tag{72}$$

を除いてゼロになります．

　さらに，$x$ 軸周りにも対称であるとき，ゼロでない定数には，(71) 式，(72) 式において添え字を $z \to x \to y \to z$ と循環的に変えて

$$C_{yyyy} = C_{zzzz}, \quad C_{yyxx} = C_{xxyy} = C_{zzxx} = C_{xxzz},$$

$$C_{xxxx}, \quad C_{zxzx} = C_{xyxy}, \quad C_{yzyz}, \quad C_{yyzz} = C_{zzyy} \tag{73}$$

が得られます．(73) 式と (71) 式，(72) 式を組み合わせれば

$$A = C, \quad F = A - 2N, \quad L = N. \tag{74}$$

同じように，$y$ 軸周りに対称であるとき，ゼロでない定数には，(71) 式，(72) 式において添え字を $z \to y \to x \to z$ と逆向きの循環的に変えて得られます．その結果と (71) 式，(72) 式を組み合わせれば，やはり (74) 式に到達します．

　つまり，地球や地下構造の弾性が，ある座標軸とそれに垂直な座標軸の一つについて対称ならば，独立な弾性定数は

$$A - 2N = F = \lambda, \quad L = N = \mu \tag{75}$$

の二つだけになります．$\lambda$ と $\mu$ は**ラメ定数**とよばれ（ラメはこの定数を定義したエコール・ポリテクニック教授の Gabriel Lamé にちなみます），$\mu$ 単独では**剛性率**といいます．残る (74) 式の

第 1 式は $A = C = \lambda + 2\mu$ となって独立ではありません.

　こうした弾性体の性質は**等方性**とよばれ，その場合，一般化されたフックの法則（(68) 式）は

$$\tau_{ij} = \lambda \delta_{ij}(e_{xx} + e_{yy} + e_{zz}) + 2\mu\, e_{ij} \tag{76}$$

と書き換えられます．$\delta_{ij}$ は**クロネッカーのデルタ**とよばれる記号で，$i = j$ ならば 1 を，$i \neq j$ ならば 0 を意味します.


# 運動方程式

　高校の物理で履修する**運動の第二法則**は，「物体に力が働いて運動するとき，運動の加速度は力に比例し物体の質量に反比例する」こととされています．力の単位 N（ニュートン）を，1 kg の質量の物体に作用して 1 m/s$^2$ の加速度を生じさせる力の大きさと定義すれば，比例定数は 1 ですので，これを方程式で表せば

$$m\,\mathbf{a} = \mathbf{F} \tag{77}$$

となり，ニュートン [29) ] の**運動方程式**とよばれます．スカラー $m$，ベクトル $\mathbf{a}$，ベクトル $\mathbf{F}$ はそれぞれ，物体の質量，運動の加速度，作用する力を表します.

　ここで，図 14 の微小直方体に対して運動方程式を立てますが，図 14 は地球や地下構造だけでまだ地震が含まれていません．次章以降で地震を取り入れるために，ここで**体積力**というものを導入します．"体積力" とは重力のように，3 次元の物体のすべての部分に働く外力です．微小直方体には単位質量あたり $\mathbf{f} = (f_x, f_y, f_z)$ の 体積力が働くとし，(77) 式の運動

方程式を

$$m\,\mathbf{a} = \mathbf{F} + m\,\mathbf{f} \tag{78}$$

に置き換えます．弾性体の**密度**を $\rho$ として質量は

$$m = \rho\,dxdydz \tag{79}$$

です．

　高校で微分を履修するとき，時間 $t$ に関する微分が瞬間の速さ（速度）に相当することも履修しています．速度の変化率である加速度は変位 $\mathbf{u}$（本書では地震動）の**二階微分**になりますが，$\mathbf{u}$ は $t$ だけでなく $x,\ y,\ z$ の関数でもありますから**二階偏微分**を用いて（9頁）

$$\mathbf{a} = \frac{\partial^2 \mathbf{u}}{\partial t^2} = \left( \frac{\partial^2 u_x}{\partial t^2}, \frac{\partial^2 u_y}{\partial t^2}, \frac{\partial^2 u_z}{\partial t^2} \right). \tag{80}$$

$\mathbf{F} = (F_x, F_y, F_z)$ として，図などから微小直方体にかかる $x$ 方向の力を集めて，(62) 式などや (66) 式の対称性を代入すると

$$
\begin{aligned}
F_x &= \tau_{xx}(x + dx)dydz - \tau_{xx}(x)dydz + \tau_{yx}(y + dy)dzdx \\
&\quad - \tau_{yx}(y)dzdx + \tau_{zx}(z + dz)dxdy - \tau_{zx}(z)dxdy \\
&= \frac{\partial \tau_{xx}}{\partial x}dxdydz + \frac{\partial \tau_{xy}}{\partial y}dydzdx + \frac{\partial \tau_{xz}}{\partial z}dzdxdy \tag{81}
\end{aligned}
$$

です．同じように

$$
\begin{aligned}
F_y &= \frac{\partial \tau_{yx}}{\partial x}dxdydz + \frac{\partial \tau_{yy}}{\partial y}dydzdx + \frac{\partial \tau_{yz}}{\partial z}dzdxdy, \\
F_z &= \frac{\partial \tau_{zx}}{\partial x}dxdydz + \frac{\partial \tau_{zy}}{\partial y}dydzdx + \frac{\partial \tau_{zz}}{\partial z}dzdxdy \tag{82}
\end{aligned}
$$

が得られます．

(78) 式に (80) 式を代入して各成分に分解し，(79) 式，(81) 式，(82) 式を代入して両辺を $dxdydz$ で割れば

$$\rho \frac{\partial^2 u_i}{\partial t^2} = \frac{\partial \tau_{ix}}{\partial x} + \frac{\partial \tau_{iy}}{\partial y} + \frac{\partial \tau_{iz}}{\partial z} + \rho f_i, \quad i = x, y, z \quad (83)$$

になります．さらに，A. アインシュタインが一般相対性理論の論文[1] で用いた**総和規約**（一つの項の中で同じ添え字がくり返し現れたときにはそれについて総和を取る）により，(83) 式は

$$\rho \frac{\partial^2 u_i}{\partial t^2} = \frac{\partial \tau_{ij}}{\partial x_j} + \rho f_i \quad (84)$$

と略記され，**一般化されたフックの法則**（(68) 式）は

$$\tau_{ij} = C_{ijkl}\, e_{kl} = C_{ijkl} \frac{\partial u_k}{\partial x_l}, \quad i, j, k, l = x, y, z \quad (85)$$

と略記できます．ここで $x_x, x_y, x_z = x, y, z$ です．(85) 式を (84) 式に代入すると

$$\rho \frac{\partial^2 u_i}{\partial t^2} = \frac{\partial}{\partial x_j} \left( C_{ijkl} \frac{\partial u_k}{\partial x_l} \right) + \rho f_i, \quad i, j, k, l = x, y, z \quad (86)$$

が得られます．(84) 式または (86) 式が地震の問題の**運動方程式**です．

(86) 式の運動方程式は微分を含む方程式ですので，**微分方程式**とよばれるものの一種となります．さらに，微分方程式には一般に，**グリーン関数**というものが存在します[28]．(86) 式の場合，体積力を

$$\rho f_i = \delta_{in}\delta(x - \xi_x)\delta(y - \xi_y)\delta(z - \xi_z)\delta(t - \zeta) \quad (87)$$

としたときの運動方程式の解がグリーン関数です[3]．(87) 式

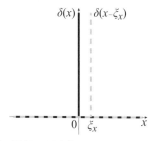

**図 15** デルタ関数の概念図. 黒実線は $x = 0$ に, 灰色点線は $x = \xi_x$ にインパルスが現れるデルタ関数.

の中の $\delta_{in}$ は前述のクロネッカーのデルタであって, $i$ は $u_i$ の添え字ですから地震動の方向を表し, $n$ は体積力の方向を表します. $\delta(x)$ は**デルタ関数**とよばれ, $x = 0$ 以外ではゼロになるインパルス状の関数です（図 15 黒実線）. $x = \xi_x$ でインパルス状になる場合は $\delta(x - \xi_x)$ と表されます（図 15 灰色点線）. したがって, (87) 式のグリーン関数とは, ある方向の力の**インパルス**が時刻 $\zeta$ に瞬間的に $(\xi_x, \xi_y, \xi_z)$ において働くときに現れる, 同じ方向の地震動ということになります.

　このグリーン関数は地震動ですから当然 $(x, y, z)$ と $t$ の関数ですが, 力のインパルスの作用する場所 $(\xi_x, \xi_y, \xi_z)$ と時刻 $\zeta$ の関数でもあります. 地震動の向きと力の向きによっても異なりますから, それらを表す添え字 $i, n$ も含めて, グリーン関数を

$$G_{in}(\mathbf{x}, t; \boldsymbol{\xi}, \zeta), \quad \mathbf{x} = (x, y, z), \quad \boldsymbol{\xi} = (\xi_x, \xi_y, \xi_z) \qquad (88)$$

と表すことにします. 同じように, 力のインパルスの体積力表示（(87) 式）も

$$\delta_{in}\delta(\mathbf{x} - \boldsymbol{\xi})\delta(t - \zeta) \qquad (89)$$

と表すことにします.

## いろいろな積分

　本章の最後に，地震学で最も著名な原理である "相反定理" と "表現定理" を説明しますが，そのために本節でまず**積分**を説明します．積分は "微分"（7 頁）と逆の行為です[17]．微分とは関数を "微小" な区間まで細かく分けることに相当しますから，逆の積分は細かく分けられたものを積み重ねることになります．図 16 のように，微分の場合と同じ関数 $f(x)$ を考え，$f(x)$ のグラフ上の一般的な点 $F$ は地点 $x$ にあるとします．さらに，点 $F$ と $x$ 軸の間に図中点線で示す微小な幅 $dx$ の長方形を考えると，その高さが $f(x)$ ですから面積は $f(x)\,dx$ です．こうした長方形を $x = a$ から $x = b$ まで積み重ねて面積

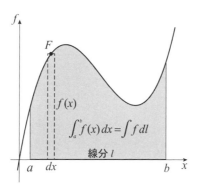

**図 16** $f(x)$ のグラフと積分（線積分）.

を足し合わせたもの（図中灰色部分）が積分 $\int_a^b f(x)\,dx$ と定義されています.

　見方を変えると, $dx$ が十分小さければ長方形は長さ $f(x)$ の直線になりますので, この積分は $f(x)$ を $x$ 軸に沿って $x = a$ から $x = b$ まで加え合わせたものを意味します. $x$ 軸は線状をなし $x$ 座標はその長さを表しますから, こうした積分の仕方は**線積分**とよばれます. 直線に限らず曲線も含めて長さ $l$ の線分に沿った $f$ の線積分を $\int f\,dl$ と書くとすれば, 図 16 において積分は $x$ 軸上の長さ $b - a$ の線分に沿って行われますから, $l$ をこの線分として

$$\int_a^b f(x)\,dx = \int f\,dl \tag{90}$$

となります.

　次に, 3 次元空間へ拡張します. 図 16 のように, 右手系デカルト座標系（図 2 左）を適用し, $y$ 軸に沿って $y = c$ から $y = d$ まで $f(x)$ のグラフが微小な間隔 $dy$ で並んでいるとします（図 17）. これら多数のグラフが形作る立体の体積が積分 $\int_c^d \int_a^b f(x)\,dx\,dy$ と定義されています. この積分も見方を変えると, $x$–$y$ 平面上にあって $x = a, y = c$ の点と $x = b, y = d$ の点を対角線とする長方形の平面において, すべての $f(x)$ を加え合わせたものを意味します. こうした積分の仕方は面積分とよばれ, 平面に限らず曲面も含めて面積 $S$ の面に沿った $f$ の面積分を $\iint f\,dS$ と書くとします. $S$ を面積 $(b - a)(d - c)$ の長方形とすれば

$$\int_c^d \int_a^b f(x)\,dx\,dy = \iint f\,dS \tag{91}$$

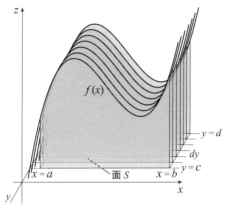

**図 17** 3 次元空間に並ぶ $f(x)$ のグラフと面積分.

となります.

　残る $z$ 軸に沿って $z = 0$ から $z = e$ まで前記の立体を並べ, 加え合わせたものは積分 $\displaystyle\int_0^e\int_c^d\int_a^b f(x)\,dxdydz$ と定義されます. 前記の長方形が $z = 0$ の $x$-$y$ 平面から $z = e$ まで積み重なってできる直方体においてすべての $f(x)$ を加え合わせたものとも言うことができて, こうした積分の仕方は直方体に限らずいろいろな立体に対して体積積分 $\displaystyle\iiint f\,dV$ とよばれています. ここでの直方体を $V$ とすれば

$$\int_0^e\int_c^d\int_a^b f(x)\,dxdydz = \iiint f\,dV \tag{92}$$

となります.

　以上の面積分, 体積積分の説明では, 図形によるわかりやすい説明ができるように $f$ が $x$ のみの関数であることが前提になっていますが, それでも「面積分は面上のすべての点にお

ける関数の値を加え合わせたもの」であり，「体積積分は立体の中のすべての点における関数の値を加え合わせたもの」という定義は広く成り立ちます．

## 部分積分と発散定理

"相反定理" と "表現定理" には積分そのものだけでなく，積分に関わる公式や定義も必要です．**部分積分**という公式を高校の数学で履修します．積の微分の公式 $\dfrac{d(FG)}{dx} = \dfrac{dF}{dx}G + F\dfrac{dG}{dx}$ と，微分と積分が逆の関係にあって $\displaystyle\int \dfrac{dF}{dx}dx = F$ であることから，部分積分の公式

$$\int \frac{dF}{dx} G\, dx = FG - \int F\frac{dG}{dx}\, dx \tag{93}$$

が成り立ちます．

また，面積分と体積積分を結び付けるものとして "ガウスの発散定理" があります．これは大学の教養課程で履修するものですので詳しく説明します．地球や地下構造に相当する有限領域 $V$ があり，その中に図 14 の直方体の微小領域 $dxdydz = dV$ が含まれているとします．また，$V$ の外周 $S$ は，法線ベクトル（22 頁）が $\mathbf{n} = (n_x, n_y, n_z)$ である微小面 $dS$ で構成されているとします（図 18）．微小なので $dS$ は平面とみなせます（22 頁）．

ベクトル $\mathbf{F} = (F_x, F_y, F_z)$ はこれまで見てきた変位や応力ベクトルなどに限らない一般的なものでかまいませんが，フックの法則がゴムの断面積によらないよう力を単位断面積あたりの量に変えたように（5 頁），$\mathbf{F}$ も単位断面積あたりのベク

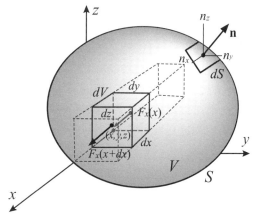

**図 18** 領域 $V$ に図 14 の微小直方体 $dxdydz = dV$ が含まれ，$V$ の外周 $S$ には法線ベクトルが $\mathbf{n}$ である微小平面 $dS$ が分布．$\mathbf{F}$ の $x$ 成分 $F_x$ は直方体の $x$ 軸に垂直な 2 平面において $F_x(x)$，$F_x(x+dx)$ であり，$S$ に達するまで $dV$ を $x$ 軸に沿って多数並べる（点線）.

トルとします．$\mathbf{F}$ の $x$ 成分 $F_x$ は微小直方体の $x$ 軸に垂直な 2 平面において $F_x(x)$，$F_x(x+dx)$ となり，面全体の量の差は図 14 の $\tau_{xx}$ に対する (62) 式と同じように

$$F_x(x+dx)dydz - F_x(x)dydz = \frac{\partial F_x}{\partial x}dxdydz \qquad (94)$$

です．同様に，y 軸に垂直な 2 平面および z 軸に垂直な 2 平面において

$$F_y(y+dy)dzdx - F_y(y)dzdx = \frac{\partial F_y}{\partial y}dydzdx,$$

$$F_z(z+dz)dxdy - F_z(z)dxdy = \frac{\partial F_z}{\partial z}dzdxdy \qquad (95)$$

です．これらを足し合わせて微小直方体の体積 $dxdydz$ で割った

$$\operatorname{div} \mathbf{F} = \frac{\partial F_x}{\partial x} + \frac{\partial F_y}{\partial y} + \frac{\partial F_z}{\partial z} \qquad (96)$$

が**発散** div と定義されています.

(96) 式がなぜ "発散" とよばれるかについては, $\mathbf{F}$ が水の流れを表すベクトル, 特に流れの速度のベクトルである場合を考えるとわかりやすいです. $x$ 軸方向の流れに関して, 図 18 に示されているように, 原点に近い面から直方体の中へ $F_x(x)dydz$ の水が流入し, 遠い面から外へ $F_x(x+dx)dydz$ の水が流出しているわけですから, 正味で (94) 式の分の水が直方体から $x$ 軸方向に流出しています. 同じように, (95) 式は $y$ 軸方向と $z$ 軸方向の正味の流出量を表しますから, (96) 式は単位体積の微小領域から全方向に流出した, つまり発し散らしたものを表していて "発散" となるわけです.

次に, 図 18 の点線のように, 直方体の微小領域 $dV$ を $x$ 軸の正の方向と負の方向に多数並べて, 正側先端と負側末端が $S$ に達するとします. 先端または末端における $S$ の微小平面 $dS$ において, 法線ベクトル $\mathbf{n}$ と $x$ 軸がなす角を $\alpha$ とすれば $n_x = \cos\alpha$ です (**方向余弦**とよばれます (115 頁)). $\mathbf{n}$ と $dS$ は直交し, $x$ 軸と $x$ 軸に垂直な平面は当然直交しますから, $dS$ と $x$ 軸に垂直な平面のなす角も $\alpha$ になるはずです. したがって, $x$ 軸に垂直な平面への $dS$ の投影 $dS'$ は

$$dS' = dS \cos\alpha = dS\, n_x \qquad (97)$$

と与えられます.

多数並べた微小領域は $N$ 個あり, 負側末端が 1 番目で正側先端を $N$ 番目とします. $N$ 番目 $dV_N$ において, その正側の

面における $F_x$ の全体量は，$x$ 軸に垂直な平面への末端 $dS$ の投影，つまり $dS'$ における $F_x$ の全体量に一致するはずですから，(94) 式を用いて

$$F_{xN}dydz + \frac{\partial F_{xN}}{\partial x_N}dxdydz = F_{xN}dS\,n_{xN} = F_{xN}n_{xN}dS\ . \qquad (98)$$

1 番目 $dV_1$ においても同様ですが，$V$ が閉じた有限領域とすれば末端 $dS$ の **n** は先端 $dS$ の **n** とは逆符号なのに注意して

$$F_{x1}dydz = -F_{x1}n_{x1}dS\ . \qquad (99)$$

また，$i$ 番目の微小領域に (94) 式を適用し，その正側の面における $F_x$ の全体量は $i+1$ 番目の微小領域の負側の面における $F_x$ の全体量に一致するはずですから

$$F_{x,i+1}dydz = F_{xi}dydz + \frac{\partial F_{xi}}{\partial x_i}dxdydz \qquad (100)$$

という漸化式が得られます．

(99) 式から順次，(100) 式に適用して (98) 式に到達するようにすれば

$$-F_{x1}n_{x1}dS + \sum_{i=1}^{N}\frac{\partial F_{xi}}{\partial x_i}dxdydz = F_{xN}n_{xN}dS\ . \qquad (101)$$

$V$ 内で $x$ は $a$ から $b$ まで，$y$ は $c$ から $d$ まで，$z$ は $e$ から $f$ までとして，積分の定義（39–40 頁）を (101) 式に取り入れ整理すれば

$$dydz\int_a^b \frac{\partial F_x}{\partial x}dx = F_{x1}n_{x1}dS + F_{xN}n_{xN}dS\ . \qquad (102)$$

図 18 の中の四角柱状のものを $y$ 軸や $z$ 軸に沿っても多数，配置して加え合わせると，(102) 式の左辺は $y$ や $z$ の積分と

なり，微小平面 $dS$ が $S$ の背面と前面を覆い尽くすようになりますから，(102) 式の右辺は面積分（40 頁）になります．さらに，(92) 式で $z$ の積分の範囲を $e$ から $f$ に替えたものを左辺に適用すれば

$$\iiint \frac{\partial F_x}{\partial x} dV = \iint F_x n_x dS \qquad (103)$$

が得られます．$F_y$ や $F_z$ に対しても (94) 式から (103) 式までの定式化を同じように行うことができるので

$$\iiint \frac{\partial F_y}{\partial y} dV = \iint F_y n_y dS, \quad \iiint \frac{\partial F_z}{\partial z} dV = \iint F_z n_z dS. \quad (104)$$

(103) 式と (104) 式の第 1 式，第 2 式を足し合わせて，**内積**（(41) 式）や発散（(96) 式）を利用しながらベクトルの形式に書き換えると，**ガウスの発散定理**

$$\iiint \mathrm{div}\, \mathbf{F}\, dV = \iint \mathbf{F} \cdot \mathbf{n}\, dS \qquad (105)$$

が得られます．総和規約を用いれば

$$\iiint \frac{\partial F_i}{\partial x_i} dV = \iint F_i n_i dS. \qquad (105')$$

　ガウスの発散定理は，地震に関わる関数を，地球や地下構造を $V$ として体積積分して，それを地球や地下構造の外周，つまり地表面を $S$ とした面積分に変換するときに用いられます（49 頁，107 頁）．$S$ における境界条件や，震源から十分遠方にあるという条件から，面積分がゼロになって結果として体積積分がゼロとできるという使われ方です．

## 相反定理

地球や地下構造に相当する有限領域 $V$ があり，それに作用する体積力 $f_i$ と，体積力による地震動 $u_i$，ひずみ $e_{ij}$，応力 $\tau_{ij}$ を考えます（図 19）．これらとは別に体積力 $g_i$ とそれによる地震動を $v_i$，ひずみを $\epsilon_{ij}$，応力を $\sigma_{ij}$ が与えられているとします．前者に対する (84) 式，(85) 式と同じように，後者に対しても

$$\rho\frac{\partial^2 v_i}{\partial t^2} = \frac{\partial \sigma_{ij}}{\partial x_j} + \rho g_i, \qquad \sigma_{ij} = C_{ijkl}\,\epsilon_{kl} = C_{ijkl}\frac{\partial v_k}{\partial x_l} \qquad (106)$$

が成り立つはずです．

ここで，二つの関数を畳み込んで一つの関数を作り出す，**コンボリューション**とよばれる積分の操作

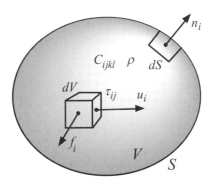

**図 19** 領域 $V$ の弾性定数を $C_{ijkl}$，密度を $\rho$ とする．$V$ には図 14 の微小領域 $dV$ が含まれ，$V$ の外周 $S$ は自由表面で，法線ベクトルが $n_i$ である微小領域 $dS$ が分布しているとする（Udias[8] に基づく纐纈[14] による）．

$$f_1(t) * f_2(t) = \int_{-\infty}^{+\infty} f_1(\tau) f_2(t - \tau) d\tau = \int_{-\infty}^{+\infty} f_1(t - \tau) f_2(\tau) d\tau \quad (107)$$

を定義します．(84) 式と $\upsilon_i$ とのコンボリューションを取り，領域 $V$ の体積積分を行うと

$$\int_{-\infty}^{+\infty} d\tau \iiint \rho \frac{\partial^2}{\partial \tau^2} u_i(\mathbf{x}, \tau) \upsilon_i(\mathbf{x}, t - \tau) dV$$

$$= \int_{-\infty}^{+\infty} d\tau \iiint \frac{\partial}{\partial x_j} \tau_{ij}(\mathbf{x}, \tau) \upsilon_i(\mathbf{x}, t - \tau) dV$$

$$+ \int_{-\infty}^{+\infty} d\tau \iiint \rho f_i(\mathbf{x}, \tau) \upsilon_i(\mathbf{x}, t - \tau) dV . \quad (108)$$

体積力 $f_i, g_i$ が $t = 0$ に始まるものとすると，それらによる地震動は

$$u_i(\mathbf{x}, t) = \upsilon_i(\mathbf{x}, t) = 0, \quad t < 0 \quad (109)$$

でなければなりません（この原則を**因果律**とよびます）．したがって，(108) 式に含まれる $\tau$ 積分の積分範囲は $-\infty$ から $t$ までとできるとともに，

$$\frac{\partial u_i(\mathbf{x}, t)}{\partial t} = \frac{\partial \upsilon_i(\mathbf{x}, t)}{\partial t} = 0, \quad t < 0 \quad (110)$$

とすることができます．

**部分積分**（42 頁）を (108) 式の左辺の，積分区間を変更した $\tau$ 積分に適用すれば

$$\int_{-\infty}^{t} d\tau \rho \frac{\partial^2}{\partial \tau^2} u_i(\mathbf{x}, \tau) \upsilon_i(\mathbf{x}, t - \tau)$$

$$= \left[ \rho \frac{\partial}{\partial \tau} u_i(\mathbf{x}, \tau) \upsilon_i(\mathbf{x}, t - \tau) \right]_{-\infty}^{t} - \int_{-\infty}^{t} d\tau \rho \frac{\partial}{\partial \tau} u_i(\mathbf{x}, \tau) \frac{\partial}{\partial \tau} \upsilon_i(\mathbf{x}, t - \tau) . \quad (111)$$

(110) 式より $\dfrac{\partial u_i(\mathbf{x}, -\infty)}{\partial \tau} = 0$ ですから (111) 式の右辺第 1 項

の $\tau = -\infty$ の部分はゼロです. また, $\upsilon_i$ が初期条件

$$\upsilon_i(\mathbf{x}, 0) = 0 \tag{112}$$

を満たすとすれば $\tau = t$ の部分もゼロになりますから, (111) 式の右辺第 1 項全体が消滅します.

次に, (108) 式の右辺第 1 項の体積積分を部分積分したのち, 総和規約の**ガウスの発散定理** (46 頁, (105′) 式) を, $V$, $S$ は図 19 のものとして適用すると

$$\iiint \frac{\partial}{\partial x_j} \tau_{ij}(\mathbf{x}, \tau) \, \upsilon_i(\mathbf{x}, t-\tau) \, dV$$

$$= \iiint \frac{\partial}{\partial x_j} \big\{ \tau_{ij}(\mathbf{x}, \tau) \upsilon_i(\mathbf{x}, t-\tau) \big\} dV - \iiint \tau_{ij}(\mathbf{x}, \tau) \frac{\partial}{\partial x_j} \upsilon_i(\mathbf{x}, t-\tau) dV$$

$$= \iint \tau_{ij}(\mathbf{x}, \tau) \, \upsilon_i(\mathbf{x}, t-\tau) \, n_j \, dS - \iiint \tau_{ij}(\mathbf{x}, \tau) \frac{\partial}{\partial x_j} \upsilon_i(\mathbf{x}, t-\tau) \, dV \tag{113}$$

です. $V$ が地球なら $S$ は地表面ですから, 大気からの外力はゼロとすることができて, それとつり合う $S$ 上の垂直応力 $\tau_{ij} n_j$ や $\sigma_{ij} n_j$ はゼロです. したがって, (113) 式の右辺の第 1 項はゼロになります.

以上を (108) 式にまとめると,

$$- \int_{-\infty}^{t} d\tau \iiint \rho \frac{\partial}{\partial \tau} u_i(\mathbf{x}, \tau) \frac{\partial}{\partial \tau} \upsilon_i(\mathbf{x}, t-\tau) \, dV$$

$$= - \int_{-\infty}^{t} d\tau \iiint \tau_{ij}(\mathbf{x}, \tau) \frac{\partial}{\partial x_j} \upsilon_i(\mathbf{x}, t-\tau) \, dV$$

$$+ \int_{-\infty}^{t} d\tau \iiint \rho f_i(\mathbf{x}, \tau) \upsilon_i(\mathbf{x}, t-\tau) \, dV . \tag{114}$$

(108) 式から (114) 式までの定式化を, (106) 式と $u_i$ とのコンボリューションに対しても行うと

$$- \int_{\infty}^{t} d\tau \iiint \rho \frac{\partial}{\partial \tau} v_i(\mathbf{x}, \tau) \frac{\partial}{\partial \tau} u_i(\mathbf{x}, t - \tau) \, dV$$

$$= - \int_{-\infty}^{t} d\tau \iiint \sigma_{ij}(\mathbf{x}, \tau) \frac{\partial}{\partial x_j} u_i(\mathbf{x}, t - \tau) \, dV$$

$$+ \int_{-\infty}^{t} d\tau \iiint \rho g_i(\mathbf{x}, \tau) u_i(\mathbf{x}, t - \tau) \, dV . \tag{115}$$

コンボリューションの定義（(107) 式）から，(114) 式の左辺と (115) 式の左辺は等しいです．次に，(114) 式と (115) 式の右辺第 1 項に (85) 式と，(106) 式の第 2 式を代入すると

$$\int_{-\infty}^{t} d\tau \iiint C_{ijkl} \frac{\partial}{\partial x_l} u_k(\mathbf{x}, \tau) \frac{\partial}{\partial x_j} v_i(\mathbf{x}, t - \tau) \, dV , \tag{116}$$

$$\int_{-\infty}^{t} d\tau \iiint C_{ijkl} \frac{\partial}{\partial x_l} v_k(\mathbf{x}, \tau) \frac{\partial}{\partial x_j} u_i(\mathbf{x}, t - \tau) \, dV \tag{117}$$

になります．再びコンボリューションの定義（(107) 式）から，(117) 式は

$$\int_{-\infty}^{t} d\tau \iiint C_{ijkl} \frac{\partial}{\partial x_l} v_k(\mathbf{x}, t - \tau) \frac{\partial}{\partial x_j} u_i(\mathbf{x}, \tau) \, dV \tag{118}$$

となります．ここで $i$ と $k$，$j$ と $l$ を交換し，一般化された弾性定数の第 3 の対称性（(70) 式）を用いると，(118) 式は (116) 式に一致します．

(114) 式と (115) 式を比べて，左辺は等しく右辺第 1 項も一致しますから，両式の右辺第 2 項が等しくなり，**相反定理**

$$\int_{-\infty}^{+\infty} d\tau \iiint \rho f_i(\mathbf{x}, \tau) v_i(\mathbf{x}, t - \tau) \, dV$$

$$= \int_{-\infty}^{+\infty} d\tau \iiint \rho g_i(\mathbf{x}, \tau) u_i(\mathbf{x}, t - \tau) \, dV \tag{119}$$

が得られます．ここでは，$u_i$，$v_i$ が (109) 式の**因果律**を満たし

ていることを前提に，$\tau$ 積分の積分範囲を元の $-\infty$ から $+\infty$ に戻してあります．さらに，(119) 式のコンボリューションを (107) 式の第 1 式のように "$*$" で表せば，相反定理の簡略な表現

$$\iiint \rho f_i * \upsilon_i \, dV = \iiint \rho g_i * u_i \, dV \tag{120}$$

が得られます．

　ここで**グリーン関数** (37 頁) に立ち戻って，(89) 式において $n \to m$，$\boldsymbol{\xi} = \boldsymbol{\xi}_1$，$\zeta = 0$ により力のインパルスを $\delta_{im}\delta(\mathbf{x} - \boldsymbol{\xi}_1)\delta(t)$ としたときの $i$ 方向グリーン関数を $G_{im}(\mathbf{x}, t; \boldsymbol{\xi}_1, 0)$，$n \to l$，$\boldsymbol{\xi} = \boldsymbol{\xi}_2$，$\zeta = 0$ により力のインパルスを $\delta_{il}\delta(\mathbf{x} - \boldsymbol{\xi}_2)\delta(t)$ としたときの $i$ 方向グリーン関数を $G_{il}(\mathbf{x}, t; \boldsymbol{\xi}_2, 0)$ とします．初期条件 $G_{im}(\mathbf{x}, 0; \boldsymbol{\xi}_1, 0) = G_{il}(\mathbf{x}, 0; \boldsymbol{\xi}_2, 0) = 0$ を仮定できるならば，これらを (119) 式の相反定理の $\rho f_i$，$u_i$，$\rho g_i$，$\upsilon_i$ に代入することができて

$$\int_{-\infty}^{+\infty} d\tau \iiint \delta_{im}\delta(\mathbf{x} - \boldsymbol{\xi}_1)\delta(\tau) \, G_{il}(\mathbf{x}, t - \tau; \boldsymbol{\xi}_2, 0) \, dV$$
$$= \int_{-\infty}^{+\infty} d\tau \iiint \delta_{il}\delta(\mathbf{x} - \boldsymbol{\xi}_2)\delta(\tau) \, G_{im}(\mathbf{x}, t - \tau; \boldsymbol{\xi}_1, 0) \, dV \tag{121}$$

となります．

　**デルタ関数**は 38 頁で説明しましたが，この時点ではまだ "積分" を説明していなかったので「インパルス状の関数」という言葉と図 15 の概念図で説明しただけでした．より厳密な定義は，1 次元のデルタ関数 $\delta(\tau)$ ならば

$$\int_{-\infty}^{+\infty} f(\tau) \, \delta(\tau) \, d\tau = f(0) \tag{122}$$

であり，3 次元のデルタ関数 $\delta(\mathbf{x})$ ならば

$$\iiint f(\mathbf{x})\delta(\mathbf{x})\,dV = f(\mathbf{0}),\quad \mathbf{0} = (0,0,0) \tag{123}$$

です．インパルスが原点ではなく $\mathbf{x} = \boldsymbol{\xi}$ に現れる，図 15 の灰色点線のようなデルタ関数ならば，

$$\iiint f(\mathbf{x})\delta(\mathbf{x} - \boldsymbol{\xi})\,dV = f(\boldsymbol{\xi}) \tag{124}$$

です．

(122) 式と (123) 式を (121) 式に適用すれば，空間座標 $\mathbf{x}$ の

**相反関係**

$$G_{lm}(\boldsymbol{\xi}_2, t; \boldsymbol{\xi}_1, 0) = G_{ml}(\boldsymbol{\xi}_1, t; \boldsymbol{\xi}_2, 0) \tag{125}$$

が得られます．左辺の $\boldsymbol{\xi}_1$ が震源の位置，$\boldsymbol{\xi}_2$ が観測点の位置と考えれば，(125) 式は震源と観測点の位置および体積力と地震動の方向を入れ替えても同じ地震動になることを意味しています．単に**相反定理**と言われる場合，この空間座標の相反関係を指していることが多いです．


## 表現定理

前述の相反関係では，(119) 式の相反定理において $u_i$ と $v_i$ の両方をグリーン関数に置き換えましたが，ここでは $v_i$ の方だけグリーン関数に置き換え，$u_i$ の方は残すことを考えます．初期条件 $G_{in}(\mathbf{x}, 0; \boldsymbol{\xi}, \tau) = 0$ を仮定できるならば，$v_i = G_{in}(\mathbf{x}, t; \boldsymbol{\xi}, \tau)$, $\rho g_i = \delta_{in}\delta(\mathbf{x} - \boldsymbol{\xi})\delta(t - \tau)$ と置くことができます．これらの代入を行った (119) 式にデルタ関数の定義（(122) 式と (123) 式）を適用すれば

$$u_n(\boldsymbol{\xi}, t) = \int_{-\infty}^{+\infty} d\tau \iiint \rho f_i(\mathbf{x}, \tau) G_{in}(\mathbf{x}, t - \tau; \boldsymbol{\xi}, 0)\,dV(\mathbf{x}) \tag{126}$$

となり，$\boldsymbol{\xi}$ と $\mathbf{x}$ を入れ替えて，空間座標の相反関係 (125) 式を適用すれば

$$u_n(\mathbf{x}, t) = \int_{-\infty}^{+\infty} d\tau \iiint \rho f_i(\boldsymbol{\xi}, \tau) G_{ni}(\mathbf{x}, t - \tau; \boldsymbol{\xi}, 0) \, dV(\boldsymbol{\xi}) \quad (127)$$

が得られ，コンボリューション（(107) 式）の形にすれば

$$u_n(\mathbf{x}, t) = \iiint \rho f_i(\boldsymbol{\xi}, t) * G_{ni}(\mathbf{x}, t; \boldsymbol{\xi}, 0) \, dV(\boldsymbol{\xi}) \quad (128)$$

となります．これらが**表現定理**とよばれるものです．

　地震とは地震動の原因となる地中の急激な変動（1 頁）であり，それは (86) 式の運動方程式において体積力 $\mathbf{f} = (f_i)$ で表現されます．したがって，表現定理の中の $\rho f_i$ の項は，概略的な意味の**震源**（3 頁）の効果を表しています．一方，グリーン関数 $\mathbf{G} = (G_{ni})$ は地球や地下構造のインパルス応答ですから，震源の位置 $\boldsymbol{\xi}$ から観測点の位置 $\mathbf{x}$ まで地震動が伝播する効果を表しています．つまり，表現定理は，地震動の震源の効果と伝播の効果が分離可能であり，個別に評価されたものを組み合わせれば地震動を再現できることを意味しています．

# 第3章

# 地震はどのように起きるのか

## 震源の発見

　1 頁や 3 頁で述べたように，地面の揺れ（地震動）を引き起こす地中の "急激な変動" が地震とよばれていますが，この "急激な変動" を現象として，あるいは現象が起きている場所として特に指定したい場合は**震源**という言葉を用います．震源とはいったいどんなものなのか科学的な説が提案された，つまり震源が "発見" されたのは 20 世紀初頭でした．1906 年にアメリカ合衆国の西海岸で，この地域としては大きな地震である**サンフランシスコ地震**が発生しました．

　この地震では**サンアンドレアス断層**の北部に長さ 300 km 以上に渡って，最大 6.4 m の右ずれ変位（断層の向こう側が手前側から見て右にずれる）が地表に現れました[7]．図 20 には，この右ずれ変位によって曲げられた鉄道線路や，ずれて

**図 20** サンフランシスコ地震による地表の変位のために曲がった鉄道線路
（上）と農場の柵のずれ（下）（カリフォルニア州地震調査委員会[21] による）．
右ずれであることが見て取れる．

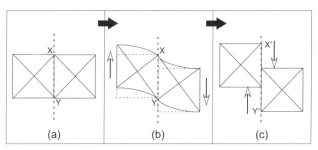

**図 21** 弾性反発説の概念図（山下 [37] に基づく繊繻 [14] を右ずれに）．

しまった農場の柵の写真が示されています．地震前後に三角測量が行われていましたので，ジョンズ・ホプキンス大学地質学科の H. F. リード（"Reid" をこう読みます）はカリフォルニア州地震調査委員会の報告書 [40] において，地震に伴う**地殻変動**を分析し，震源に関する科学的な説として次のような**弾性反発説**を唱えました．

地中に**弱面**（ずれを起こしやすい面）である**断層**が存在する地域があるとき（図 21a，XY が断層），その両側にある岩盤にそれぞれ逆方向に何らかの**力**が加わっているとします（図 21b）．その力はそれほど大きなものではなくても，長年に渡って加わっていると岩盤を大きくひずませます（図 21b）．その**ひずみ**が岩盤の限界に達すると，断層に沿って両側の岩盤がひずみを解消する方向に急激にずれ動いて（図 21c，X′–X または Y–Y′ がずれの量）地震となり，地震動を発生させます．これが弾性反発説です [7],[37]．この急激なずれは**断層運動**または**断層破壊**とよばれ，今日では震源における地震メカニズムの確立した解釈となっています．

## 地震と断層

　弾性反発説は，震源は断層であり地震とはそこにおける断層運動である，短く言い切ってしまえば「地震＝断層運動」という考え方です．しかし当時，「この説は欧米では素直に受け入れられたが，日本では地震はそのように単純なものではないという考えが支配的であった」[7]ということでした．この間の事情は大中[9]や宇津[7]が記していますのでそれらをここでは紹介しますが，理論的な背景は後ほど説明します．

　1917 年に志田順により，観測点ごとの地震動の向きを地図に描いてみると，震源を通って直交する 2 直線で分けられる象限の中では同じ向きが並ぶことが発見され，象限型とよば

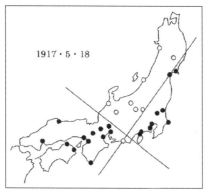

**図 22**　1917 年 5 月 18 日の地震による地震動の向きの分布図（志田 [19] の書状に基づく宇津 [7] の図 10.1 を引用）．黒丸は "押し"，白丸は "引き" の地震動が揺れ始めに観測された観測点を示す．

れました（図22）．図の中で黒丸は，揺れ始めに観測点が地震によって押される向き（**押し**とよびます）の地震動が観測されたことを意味し，白丸は揺れ始めに観測点が地震によって引っぱられる向き（**引き**）の地震動が観測されたことを意味します．一方，棚橋嘉市も1931年に同じような分析をして，地震動の向きは双曲線に似た曲線で分けられるとし，双曲線は円錐の断面の一つですので，これは円錐型とよばれました（図23）．

地震動は震源から発せられるわけですから，その向きの分布は震源での地震のメカニズムの反映であるはずです．象限型は，まず志田自身により震源にある割れ目が広がることにより起こると解釈されました（"割れ目地震説"）．1918年頃からは中村左衛門太郎が，象限を分ける直線の一つが震源付近

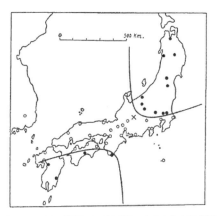

**図23** 1931年6月2日の地震による地震動の向きの分布図（棚橋 [24] に基づく石本 [5] の Fig.2 を引用）．黒丸・白丸の意味は図22に同じ．

の地質構造線と一致することから，弾性反発説と同じような "断層地震説" を唱えていました．また，円錐型に対しては，石本[5] が "マグマ貫入説" を提唱しました．

　しかし，本多弘吉は 1931 年から 1934 年にかけて象限型に基づき詳細な研究を進め，多くの地震が "断層地震説" で説明できることを示しました．これら本多の一連の研究（英語論文として発表されましたが，後に出版された本多自身の日本語著書[33] の 4 章にまとめられています）により，1917 年前後から約 20 年間続いた論争に決着がつけられました．長く論争が続いた原因として，宇津[7] は観測点の分布の偏りや押し引きの観測に含まれる誤りを挙げています．これらに加えて，断層面が傾いたり縦ずれの成分が入ってくると，象限型も円錐型に見えることが考えられ，図 23 にそれが垣間見えます．

　本多はその研究の過程で，断層運動を表現する力の組み合わせが 2 組の**偶力**であることを示し，後にこれが定説として定着しました．"偶力" は高校で履修しますが，強さが等しく向きが反対で，**作用線**（31 頁）が異なる 2 力を偶力とよびます（図 31 を参照してください）．本多などによりおもに行われたことは，いろいろな力の組み合わせによる地震動の放射パターン（117 頁）を理論的に計算して，実際の地震の際に観測されたものに合う力の組み合わせを探すという研究です．放射パターンの理論的研究はかなり古くから行われていて，最も初期のものは中野[26] が 1923 年に発表しています．この論文は印刷後まもなく**関東大震災**により焼失しましたが，残された手書きメモから後に再発見されました[33]．

　その後，今度は海外の研究者が，震源断層のずれ運動から

単純に想像される 1 組だけの偶力に固執し，最終的に決着を見たのが 1960 年代に入ってからということです[7]．

## プレートテクトニクス

　以上のように，地震の発生を説明する弾性反発説は受け入れられていきましたが，それでも同説の中の "何らかの力"（図21b，c の中の矢印）とは何かという問題は残っていました．この力の実体は，1950 年代から同じく 1960 年代にかけて急速に発展し定着した**プレートテクトニクス**という考え方により説明されるようになりました．

　図 24 の灰色太線が示すように地球の表面は，厚さ数十 km から 200 km 程度の，主要なもので十数枚の大きな岩板（**プレート**）で覆われています．これらプレートはそれぞれ独立した方向に年間数 cm 程度の非常にゆっくりした速度で移動しており（**プレート運動**），そのために互いに衝突したり，一方が他方の下にぶつかりながら沈み込むなどしています．こうした衝突や**沈み込み**が "何らかの力" を生み出していると考えられています．

　図 24 には，**ISC**（International Seismological Centre）が決めた中規模以上の浅い地震（深さ 100 km 以下，1991 年から2010 年まで）の震央もプロットしてあります．その分布を見れば地震は**プレート境界**付近でおもに発生していることがわかり，確かに地震がプレート同士の衝突や沈み込みによって起きていることが確認できます．

　プレートがなぜ運動するのかについては次のように考えら

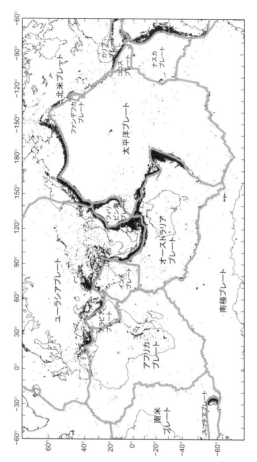

**図 24**　主要なプレートとその境界（灰色太線），ISC による中規模以上の地震（黒点．深さ 100 km 以下，1991 年から 2010 年）を示す（吉井敏尅作図に基づく纐纈[15] による）．スペースの関係で回転してある．

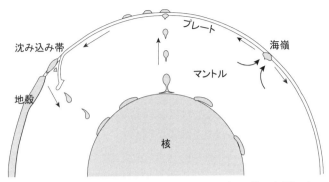

**図 25** 地殻・マントル・核とプレート運動の模式図（山岡[36]に加筆）．中央にはプリュームが描かれている．

れています．地球を輪切りにしてみた模式図（図25）に描かれているように，地球の中心部分は**核**（さらに内核，外核と分かれる），一番外側は**地殻**とよばれ，それらの間の広い領域が**マントル**です．地球を構成している岩石は，地震動のような速い動きに対しては弾性体として振舞うということを2頁で述べました．一方で，非常にゆっくりした動きには液体のように振舞うことが知られています．特に，温度が高くなるとその性質が強くなりますが，マントルは内部に含まれる放射性物質の崩壊などにより高い温度にあり，水などと同じように対流を起こしていると見られています（**マントル対流**）．ただし，マントルの最上部は地殻を通して海中などに熱が逃げてしまうので液体のような性質は小さく，地殻と一緒に硬い**プレート**を形作っています．

　マントル対流の中の上昇流に関連した部分（図25の↗↘）では，プレートが両側に引き離されつつあるので，「離れて

いったプレートを埋めるようにマントルが上昇し，上昇するマントル内の圧力が下がるために融点が下がってマグマができ」[36] ます（高校で履修する "状態変化" に相当します）．そのマグマがプレートの新しい部分を作っていくとともに，盛り上がった地形である海嶺を形作ります．そのほか，マントル内部の不安定性に起因して，海嶺以外の部分でも上昇流が起こり，プリュームとよばれています [23]（図 25 の中央部）．プリュームでも海嶺と同じようにマグマが作られ，それが海底に現れて海山や海台となります．

## 沈み込み帯

たとえば，太平洋プレートは東太平洋海膨で生み出され，そこから西および北西方向に拡大してユーラシアプレートなどの大陸プレートに達しプレート境界を形作ります．その拡大速度が速いため（66 頁），地形の盛り上がりがやや弱いので東太平洋海膨は "海嶺" ではなくこうよばれています [16]．

日本付近のプレート境界の一つである日本海溝の近く（図 26 の丸印）では，太平洋プレートの年代が 1 億 4 千 2 百万から 1 億 5 千万年弱前に達します（図下部の時間スケールの点線四角）．つまり，太平洋プレートは東太平洋海膨から日本海溝まで最大 1 億 5 千万年かけて日本海溝に到達します．それだけ長い時間，海水にさらされていると，プレートのその部分は十分に冷やされ重くなります．その結果，プレートはすぐ下のマントル部分より密度が大きくなるので，その中への沈み込みを起こします．日本付近のように沈み込みが起こっ

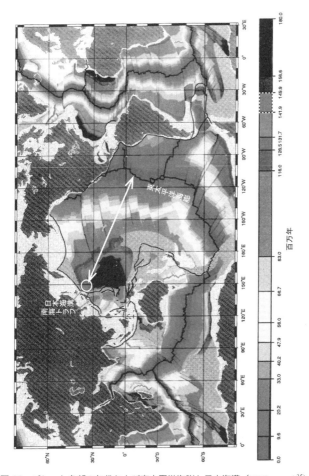

**図 26** プレート各部の年代および東太平洋海膨と日本海溝（Müller *et al.*[35] に加筆）. スペースの関係で回転してある.

ているプレート境界の領域が**沈み込み帯**です（図 25）．海洋
プレートが沈み込み始めている場所は海溝やトラフとよばれ
る地形になっており，日本付近の太平洋プレートでは前述の
日本海溝や**千島海溝**がそれに相当します．いったん沈み込み
が始まると，沈み込んだプレートはその重さゆえにプレート
全体を引っぱり，**プレート運動**が継続的に起きることになり
ます．

　日本海溝近くの年代と東太平洋海膨への距離約 12,000 km
（図 26 の両矢印）から**拡大速度**は

$$12,000 \text{ km} \div 1 \text{ 億 5 千万年} = 8 \text{ cm/年} \qquad (129)$$

と計算でき[31]，GPS など**宇宙測地技術**による実測値に一致し
ます．この値は，大西洋の拡大速度，年間 3 cm 程度[36]に比
べ，前述のようにかなり速いのです．また，日本付近で太平
洋プレートに隣接し，**南海トラフ**（図 26）などに沈み込んで
いる**フィリピン海プレート**（図 24）は年間 5 cm 程度の速度
で移動しています[23]．

　沈み込み帯での地震の発生の仕方を詳しく見ると図 27 のよ
うになっています．沈み込みは第一に，プレート境界という
巨大な断層に直接的な影響を与え，**プレート境界地震**（図中
A1）を発生させます．また，プレート境界近くの海洋プレー
ト内部にも直接的な影響を与え，**スラブ内地震**（図中 A2，海
洋プレートの沈み込んだ部分を"スラブ"とよぶため）や**アウ
ターライズ地震**（図中 A3，海溝・トラフ外側の高まった地形
を"アウターライズ"とよぶため）を発生させます．これらの
地震は沈み込みの直接的な影響ですから規模が大きく，**再来**

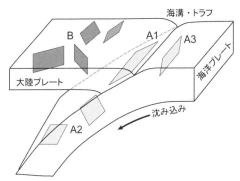

**図 27** 沈み込み帯における地震の起き方（地震調査委員会 [18] に基づく纐纈 [14] による）．

**期間**も短いです．

　沈み込みは次いで，やや離れた大陸プレートの内部にも間接的な影響を与え，**地殻内地震**を発生させます（図中 B）．プレートには地殻だけでなくマントル最上部が含まれていますが，マントル最上部は対流は起こさない程度の温度であるものの（63 頁），**断層破壊**が起きるほどの低温ではありません．したがって，大陸プレート内の地震発生は地殻部分に限られるため "地殻内地震" とよばれています．こちらは間接的な影響ですから，プレート境界地震などに比べ規模は小さめで，再来期間も長いです．地殻内地震に関連する断層のうち，地表からその存在が認められるものは**活断層**とよばれています．

　最近の代表例では，**東日本大震災**を引き起こした**東北地方太平洋沖地震**がプレート境界地震であり，阪神・淡路大震災を引き起こした**兵庫県南部地震**は地殻内地震です．プレート境界地震がおもに海域で起きるのに対して，地殻内地震はおも

**図 28** 兵庫県南部地震の際に出現した淡路島側の震源断層の一部（野島断層）（国土地理院撮影に基づく地震調査委員会 [18] による）.

に陸域で起きますので震源断層が陸上に現れやすく，兵庫県南部地震でも淡路島側の震源断層の一部（**野島断層**）が出現しました（図 28）.

## 震源断層の種類

　「地層や岩石に割れ目を生じ、これに沿って両側が互いにずれている現象」またはその割れ目を**断層**といいますが [20]，こうした一般的な "断層" と区別するため，ここでは弾性反発説の "断層"（57 頁）を**震源断層**に置き換えます．震源断層の最も単純な表現は，断層面を平らな面と見立てて，その平面と平面に沿ったずれの方向を幾何学的に表すことです．この断

層のずれは**すべり**ともよばれ，本書では断層の種類においては"ずれ"を，断層に沿った岩盤の動きには"すべり"をおもに用いることとします．

断層面はまず上端，下端が水平な長方形と仮定され，図29aのように右手系のデカルト座標系を設定します．上端に沿っ

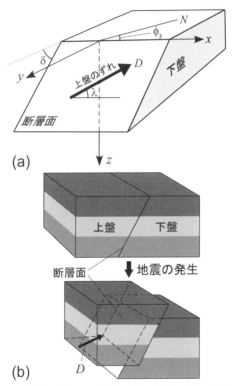

(a)

(b)

**図 29** (a) 震源断層の表現と (b) 上盤・下盤およびすべりの定義（纐纈[14] による）．

て $x$ 軸を，下向きに $z$ 軸を取り，断層の向き（**走向**）は上から見て時計回りに北から測った $x$ 軸の方位角 $\phi_s$ で指定されます．次に水平面となす角度 $\delta$（**傾斜角**）で傾きが指定されますが，$y$ 軸の正の向きから測った傾斜角が 90° 以下になるように $x$ 軸，$y$ 軸の向きを設定します．つまり図 29a において，$x$ 軸，$y$ 軸を逆向きに設定して走向 210°，傾斜角 135° とは指定せず，図のように走向 30°，傾斜角 45° と指定します．多くの文献では $z$ 軸が上向きに取られています．また，観測では北（$N$）向きを $x$ 軸とすることが多いですが，地球の深さ方向の表現を容易にし，地震動の表現を複雑にしないために，本書ではこの座標系を採用します．

表 1 　すべり角と震源断層の種類（纐纈 [14] による）．

| $\lambda \sim 0°$ | **左横ずれ断層**（上盤から見て下盤が左にずれる：下盤から見ても同じ） |
| $\lambda \sim 180°$ | **右横ずれ断層**（上盤から見て下盤が右にずれる：下盤から見ても同じ） |
| $\lambda \sim 90°$ | **逆断層**（上盤が重力に逆らってずり上がる） |
| $\lambda \sim 270°$ | **正断層**（上盤が重力に従う方向にずり下がる） |

　さらには，すべり角により震源断層は表 1 のように分類され，それぞれの種類の模式図を図 30 に示しました．左横ずれ断層と右横ずれ断層をまとめて**横ずれ断層**と総称し，逆断層と正断層はまとめて**縦ずれ断層**とよばれることがあります．表においてすべり角がそれぞれの値に完全に等しいならば震源断層は純粋にその種類になりますが，そうした例は稀です．たとえば，すべり角が 0° ならば純粋な左横ずれ断層ですが，図 29a のように数度でも角度を持つと逆断層成分が含まれて

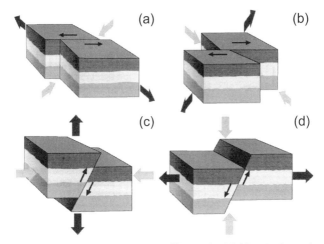

**図 30** 震源断層の種類の模式図（山下 [37] に基づく纐纈 [14] による）．(a) 左横ずれ断層，(b) 右横ずれ断層，(c) 逆断層，(d) 正断層．断層面に沿った小矢印はすべりを，周辺の大きな矢印はそれぞれに等価な力（122 頁）を表す．

きます．また，中間的な角度になって横ずれとも縦ずれとも区別がつかない場合は**斜めずれ**とよばれることもあります．

　図 27 に描かれたものの中では，プレート境界地震の震源断層（A1）がおおむね逆断層であるのに対して，スラブ内地震（A2）やアウターライズ地震（A3）では正断層も稀ではなく，いろいろなタイプの震源断層が現れます．地殻内地震も同様ですが，西南日本では横ずれ断層が多く，東北日本では逆断層が多いというような地域特性は世界中でも見られています．

## ダブルカップルの発見

　規模が大きくない地震の場合や，大きな地震でも遠く離れた場所で観測する場合，広がりのある震源断層も点とみなすことができ，これを**点震源**とよびます．点震源とみなすことができない場合でも，震源断層をいくつかの**小断層**に分割して，それら小断層を点震源に置き換えることはしばしば行われますので，点震源は震源断層のモデル化の基本ということができます．

　たとえば，図 31 のような垂直な**左横ずれ断層**（図 29a において $\delta = 90°$，$\lambda = 0°$ とした震源断層）の点震源があったとします．図 31 は，図 29a のデカルト座標系の $z$ 軸負の側から俯瞰した形に描かれているので，$z$ 軸はそれを矢に見立てたときに後ろから見た形 $\otimes$（× 印は矢の矢羽根を表します）になっています．震源断層はこのデカルト座標系の原点に集中し，点震源は原点にあるとします．この**断層運動**に相当する力の組み合わせは，直観的には実線矢印で示すような，断層ずれ方向に一致する 1 組の**偶力**であるように見えます．これが，20 世紀前半に欧米の研究者が固執したと言われる**シングルカップル説**です（61 頁，図 32 左）．

　偶力の一方の力と他方の力は強さが同じで向きが互いに逆ですから，23 頁で解説した**内力**になっていて，断層を含む地球あるいは地下構造を移動させることはありません．ところが，二つの力の作用点が一致しない偶力では**力のモーメント**が生じているので，断層を含む地球あるいは地下構造が回転し

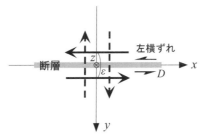

**図 31** 垂直左横ずれ断層の点震源とそれに等価な力の組み合わせ（上からの俯瞰図）．力の組み合わせは 2 組の偶力であり，$\varepsilon$ は偶力の腕の長さを表す．$z$ 軸は紙面に垂直で向こう側に伸びている（纐纈[14] による）．

なければなりません．にもかかわらず実際には回転することはないので，これを打ち消すために力のモーメントの大きさが同じで，回転方向が逆のもう 1 組の偶力（図 31 の中の点線矢印）が存在しなければなりません．したがって断層運動に相当する力の組み合わせとして 2 組の偶力が存在するはずであり，これを**ダブルカップル**とよびます（図 32 右）．カップルは "偶力" の英訳です．

　こうした，力のモーメントのつり合いが地震のない平時に

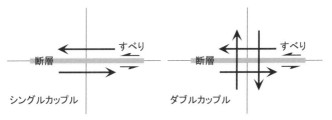

**図 32** 地震を表す力の組み合わせのシングルカップル説（左）とダブルカップル説（右）．

成り立っていることは 30 頁に始まる「応力のつり合い」の節ですでに述べました．ここで問題にしているのは，地震という異常な自然現象が起きている瞬間でもそれが成り立っているということです．このダブルカップルの考え方は内力の考え方に似ています．断層ずれ方向に一致する一方の偶力は内力の作用，逆回転の他方の偶力は内力の反作用に相当します．

ところが，物理学の基本原理に沿っていてわかりやすい，こうした考え方が，20 世紀前半のシングルカップル・ダブルカップル論争（61 頁）で持ち出されることはなかったようです．そのため，国内外の地震や地震動に関する教科書でも言及されることがほとんどなく，筆者が見つけられたのは『Modern Global Seismology』[41] の 321 頁のみでした．

一つの偶力の軸を，偶力の二つの力の作用線を結ぶ線分（**偶力の腕**とよばれます）の上の点を通る直線，図 31 ならば $z$ 軸をそれとすれば，偶力の二つの力のうち一つによる力のモーメントは (63) 式から

　一つの力のモーメント

　　= 一つの力の強さ×軸と一つの作用線の距離　　　(130)

であり，別の力のモーメントは

　別の力のモーメント

　　　= 別の力の強さ×軸と別の作用線の距離　　　(131)

です．偶力の定義（60 頁）から，“一つの力の強さ = 別の力の強さ” であり，軸は二つの力の作用線を結ぶ線分（偶力の腕）の上を通りますから，“軸と一つの作用線の距離＋軸と別

の作用線の距離 = 二つの作用線の結ぶ線分の長さ = **偶力の腕の長さ**" です．また，二つの力は同じ回転方向になっていますから，"偶力のモーメント = 一つの力のモーメント + 別の力のモーメント" です．これらをまとめれば

**偶力のモーメント**

$$= 一つの力の強さ \times 偶力の腕の長さ \qquad (132)$$

が得られます．(132) 式は高校で履修する「偶力の効果は，その力の大きさと二つの作用線の距離との積で決まる」に相当しています．

　断層運動の強さは二つの偶力のうち一つの偶力のモーメントで表し，それを**地震モーメント**とよびます．地震モーメントとその英訳 seismic moment は，当時，東京大学地震研究所の助教授であった安芸敬一（その後，マサチューセッツ工科大学教授）が 1966 年に書いた英語論文[2] に始まります．ただし，この論文の和文要約に地震モーメントの言葉は現れますが，英語本文に言葉として現れるのは seismic moment ではなく earthquake moment でした．


## ダブルカップルの証明

　前節において，力のモーメントがつり合わなければならないという物理的な要請を用いて，「断層運動 = ダブルカップル」であることを示しました（73 頁）．しかし，これは直感的な解釈に留まるものですし，二つの偶力の腕が直交することを説明していません．これに対して，1963 年に当時，東京大学

の大学院生であった丸山卓男は，震源断層を地球内部の不連続とする問題に，"表現定理"（53頁）を適用して数学的に証明しました[34]．翌1964年にはより見通しのよい証明が書かれたBurridge and Knopoff[30]の論文が出版されました．

この節では後者に基づく纉縋[14]に沿って数学的証明を説明しますが，かなり高度というわけではないものの，複雑な過程を経なければなりません．そこまで必要がなく前節の説明で十分な読者は適宜読み飛ばして，「証明のまとめ」の節（88頁以降）で証明の全体的なイメージをとらえてください．

図19の弾性体に震源断層を導入して，震源断層の断層面はΣで表します．連続的に広がる弾性体の中の不連続ですから，そこでは表面がΣの両側のΣ[+]とΣ[−]にあります（図33）．Σの法線ベクトル$\nu = (\nu_i)$はΣ[−]側からΣ[+]側を指す向きに定義します．また，震源断層は，ずれ（すべり）を起こしている

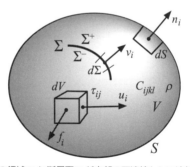

**図33** 図19の領域$V$に断層面Σが内部の不連続として追加されるとする（Burridge and Knopoff[30]）とAki and Richards[3]に基づく纉縋[14]に加筆．Σの両側には二つの表面Σ[+]とΣ[−]があり，その法線ベクトル$(\nu_i)$はΣ[−]側からΣ[+]側を指す向きに定義される．

わけですから，$\Sigma^+$ 側と $\Sigma^-$ 側で変位 $\mathbf{u} = (u_i)$ は不連続で異なる値を取りますが，$\Sigma^+$ 側と $\Sigma^-$ 側は十分密着しているとして法線方向の**応力ベクトル** $\mathbf{T} = (T_i)$ は連続であるとします．

「相反定理」の節の設定（図 19）に比べて，ここでは面積分として $\iint dS$ だけでなく $\iint d\Sigma$ が追加されるので（図 33），(113) 式は

$$\iiint \frac{\partial}{\partial x_j} \tau_{ij}(\mathbf{x}, \tau) \, \upsilon_i(\mathbf{x}, t-\tau) \, dV = \iint \tau_{ij}(\mathbf{x}, \tau) \, \upsilon_i(\mathbf{x}, t-\tau) \, n_j \, dS + $$

$$\iint \tau_{ij}(\mathbf{x}, \tau) \upsilon_i(\mathbf{x}, t-\tau) \nu_j d\Sigma - \iiint \tau_{ij}(\mathbf{x}, \tau) \frac{\partial}{\partial x_j} \upsilon_i(\mathbf{x}, t-\tau) dV \quad (133)$$

に変わります．(133) 式を (113) 式と比較すると，(113) 式において

$$-\iiint \tau_{ij}(\mathbf{x}, \tau) \frac{\partial}{\partial x_j} \upsilon_i(\mathbf{x}, t-\tau) \, dV \Longrightarrow$$

$$-\iiint \tau_{ij}(\mathbf{x}, \tau) \frac{\partial}{\partial x_j} \upsilon_i(\mathbf{x}, t-\tau) \, dV + \iint \tau_{ij}(\mathbf{x}, \tau) \, \upsilon_i(\mathbf{x}, t-\tau) \, \nu_j \, d\Sigma$$

$$(134)$$

という置き換えを行えば (133) 式が得られることがわかります．

したがって，震源断層がない場合の (114) 式に (134) 式の置き換えを行えば，震源断層がある場合の

$$- \int_{-\infty}^{t} d\tau \iiint \rho \frac{\partial}{\partial \tau} u_i(\mathbf{x}, \tau) \frac{\partial}{\partial \tau} \upsilon_i(\mathbf{x}, t-\tau) \, dV$$

$$= -\int_{-\infty}^{t} d\tau \iiint \tau_{ij}(\mathbf{x}, \tau) \frac{\partial}{\partial x_j} \upsilon_i(\mathbf{x}, t-\tau) \, dV$$

$$+ \int_{-\infty}^{t} d\tau \iint \tau_{ij}(\mathbf{x}, \tau) \upsilon_i(\mathbf{x}, t-\tau) \nu_j \, d\Sigma$$

$$+ \int_{-\infty}^{t} d\tau \iiint \rho f_i(\mathbf{x}, \tau) \upsilon_i(\mathbf{x}, t-\tau) \, dV \quad (135)$$

が得られます.

同様に，(115) 式に対して

$$
-\iiint \sigma_{ij}(\mathbf{x}, \tau) \frac{\partial}{\partial x_j} u_i(\mathbf{x}, t-\tau)\, dV \Longrightarrow
$$
$$
-\iiint \sigma_{ij}(\mathbf{x}, \tau) \frac{\partial}{\partial x_j} u_i(\mathbf{x}, t-\tau)\, dV + \iint \sigma_{ij}(\mathbf{x}, \tau)\, u_i(\mathbf{x}, t-\tau)\, \nu_j\, d\Sigma
$$
$$(136)$$

という置き換えを行えば

$$
-\int_{-\infty}^{t} d\tau \iiint \rho \frac{\partial}{\partial \tau} \upsilon_i(\mathbf{x}, \tau) \frac{\partial}{\partial \sigma} u_i(\mathbf{x}, t-\tau)\, dV
$$
$$
= -\int_{-\infty}^{t} d\tau \iiint \sigma_{ij}(\mathbf{x}, \tau) \frac{\partial}{\partial x_j} u_i(\mathbf{x}, t-\tau)\, dV
$$
$$
+ \int_{-\infty}^{t} d\tau \iint \sigma_{ij}(\mathbf{x}, \tau)\, u_i(\mathbf{x}, t-\tau)\, \nu_j\, d\Sigma
$$
$$
+ \int_{-\infty}^{t} d\tau \iiint \rho g_i(\mathbf{x}, \tau)\, u_i(\mathbf{x}, t-\tau)\, dV \qquad (137)
$$

が得られます.

(135) 式と (137) 式に対して，(114) 式と (115) 式に対するもの（50 頁）と同様の比較を行います．(135) 式の左辺と右辺第 1 項は (137) 式の左辺と右辺第 1 項に一致しますから，両式の右辺第 2 項以降が等しいとなります．その等式において，両辺の第 1 項と第 2 項を入れ替え，$\sigma_{ij}$ に (106) 式の第 2 式を代入すると，震源断層がある場合の**相反定理**

$$
\int_{-\infty}^{+\infty} d\tau \iiint \rho f_i(\mathbf{x}, \tau) \upsilon_i(\mathbf{x}, t-\tau) dV + \int_{-\infty}^{+\infty} d\tau \iint \tau_{ij}(\mathbf{x}, \tau) \upsilon_i(\mathbf{x}, t-\tau) \nu_j d\Sigma
$$
$$
= \int_{-\infty}^{+\infty} d\tau \iiint \rho g_i(\mathbf{x}, \tau) u_i(\mathbf{x}, t-\tau) dV
$$
$$
+ \int_{-\infty}^{+\infty} d\tau \iint C_{ijkl} \frac{\partial \upsilon_k}{\partial x_l} u_i(\mathbf{x}, t-\tau) \nu_j d\Sigma \qquad (138)
$$

が得られます．ここでも，$u_i$, $v_i$ が (109) 式の**因果律**を満たしていることを前提に，$\tau$ 積分の積分範囲を元の $-\infty$ から $+\infty$ に戻してあります．さらに，コンボリューションを (107) 式の第 1 式のように "$*$" で表せば，震源断層がある場合の相反定理の簡略な表現

$$\iiint \rho f_i * v_i \, dV + \iint \tau_{ij} v_j * v_i \, d\Sigma$$
$$= \iiint \rho g_i * u_i \, dV + \iint C_{ijkl} \frac{\partial v_k}{\partial x_l} v_j * u_i \, d\Sigma \quad (139)$$

が得られます．

震源断層がない場合の表現定理 (53 頁) と同じように，(138) 式に $v_i = G_{in}(\mathbf{x}, t; \boldsymbol{\xi}, \tau)$, $\rho g_i = \delta_{in} \delta(\mathbf{x} - \boldsymbol{\xi}) \delta(t - \tau)$ を代入し，$\boldsymbol{\xi}$ と $\mathbf{x}$ を入れ替えて空間座標の相反関係 (125) 式を適用すれば，震源断層がある場合の**表現定理**は

$$u_n(\mathbf{x}, t) = \int_{-\infty}^{+\infty} d\tau \iiint \rho f_i(\boldsymbol{\xi}, \tau) G_{ni}(\mathbf{x}, t - \tau; \boldsymbol{\xi}, 0) \, dV(\boldsymbol{\xi})$$
$$+ \int_{-\infty}^{+\infty} d\tau \iint v_j \tau_{ij}(\boldsymbol{\xi}, \tau) G_{ni}(\mathbf{x}, t - \tau; \boldsymbol{\xi}, 0) \, d\Sigma(\boldsymbol{\xi})$$
$$- \int_{-\infty}^{+\infty} d\tau \iint v_j u_i(\boldsymbol{\xi}, \tau) C_{ijkl} \frac{\partial}{\partial \xi_l} G_{nk}(\mathbf{x}, t - \tau; \boldsymbol{\xi}, 0) \, d\Sigma(\boldsymbol{\xi})$$
$$(140)$$

となります．$dS(\boldsymbol{\xi})$, $dV(\boldsymbol{\xi})$ は (127) 式と同じく，面積分や体積積分を $\mathbf{x}$ ではなく $\boldsymbol{\xi}$ について行うことを意味しています．

断層面 $\Sigma$ はその両側に二つの表面 $\Sigma^+$ と $\Sigma^-$ を持ちますから (76 頁)，面積分 $\iint d\Sigma$ は $\iint d\Sigma^+$ と $\iint d\Sigma^-$ との和に置き換えられます．$\Sigma^+$ と $\Sigma^-$ は十分接していて同じ形 $\Sigma$ をしており，面積分の $d\Sigma^+, d\Sigma^-$ はともに $d\Sigma$ に等しいとします (図 34)．ま

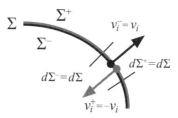

**図 34** 図 33 の震源断層付近の拡大図. Σ の両側には二つの表面 Σ⁺（灰色）と Σ⁻（黒）があり，それらの面積分要素は $d\Sigma^+ = d\Sigma^- = d\Sigma$，法線ベクトルは $-\nu = (-\nu_i)$ と $\nu = (\nu_i)$ になります.

た，法線ベクトル $\nu = (\nu_i)$ は Σ⁻ 側から Σ⁺ 側を指す向きに定義されているので（76 頁），(140) 式の $\nu_j$ は $\iint d\Sigma^-$ ではそのままでよいですが，$\iint d\Sigma^+$ では $\nu_j \to -\nu_j$ としなければなりません（図 34）. さらには，総和規約を適用した $\nu_j \tau_{ij}$ は法線方向の応力ベクトルの成分 $T_i$ です.

以上より，(140) 式の右辺第 2 項は

$$+ \int_{-\infty}^{+\infty} d\tau \iint (-\nu_j)\tau_{ij}(\boldsymbol{\xi}, \tau) G_{ni}(\mathbf{x}, t - \tau; \boldsymbol{\xi}, 0)\, d\Sigma^+(\boldsymbol{\xi})$$

$$+ \int_{-\infty}^{+\infty} d\tau \iint \nu_j \tau_{ij}(\boldsymbol{\xi}, \tau) G_{ni}(\mathbf{x}, t - \tau; \boldsymbol{\xi}, 0)\, d\Sigma^-(\boldsymbol{\xi})$$

$$= + \int_{-\infty}^{+\infty} d\tau \iint (-\nu_j)\tau_{ij}^+(\boldsymbol{\xi}, \tau) G_{ni}(\mathbf{x}, t - \tau; \boldsymbol{\xi}, 0)\, d\Sigma(\boldsymbol{\xi})$$

$$+ \int_{-\infty}^{+\infty} d\tau \iint \nu_j \tau_{ij}^-(\boldsymbol{\xi}, \tau) G_{ni}(\mathbf{x}, t - \tau; \boldsymbol{\xi}, 0)\, d\Sigma(\boldsymbol{\xi})$$

$$= - \int_{-\infty}^{+\infty} d\tau \iint [T_i(\boldsymbol{\xi}, \tau)]\, G_{ni}(\mathbf{x}, t - \tau; \boldsymbol{\xi}, 0)\, d\Sigma(\boldsymbol{\xi}). \quad (141)$$

$\tau_{ij}$ の上付き添え字 $+, -$ はそれぞれ Σ⁺ または Σ⁻ 上のものを意味し，

$$[T_i] = T_i^+ - T_i^- = \nu_j \tau_{ij}^+ - \nu_j \tau_{ij}^- \quad (142)$$

です．同様に第 3 項は $[u_i] = u_i^+ - u_i^-$ を用いて

$$-\int_{-\infty}^{+\infty} d\tau \iint (-\nu_j) u_i(\boldsymbol{\xi}, \tau) C_{ijkl} \frac{\partial}{\partial \xi_l} G_{nk}(\mathbf{x}, t-\tau; \boldsymbol{\xi}, 0) \, d\Sigma^+(\boldsymbol{\xi})$$

$$-\int_{-\infty}^{+\infty} d\tau \iint \nu_j u_i(\boldsymbol{\xi}, \tau) C_{ijkl} \frac{\partial}{\partial \xi_l} G_{nk}(\mathbf{x}, t-\tau; \boldsymbol{\xi}, 0) \, d\Sigma^-(\boldsymbol{\xi})$$

$$= -\int_{-\infty}^{+\infty} d\tau \iint (-\nu_j) u_i^+(\boldsymbol{\xi}, \tau) C_{ijkl} \frac{\partial}{\partial \xi_l} G_{nk}(\mathbf{x}, t-\tau; \boldsymbol{\xi}, 0) \, d\Sigma(\boldsymbol{\xi})$$

$$-\int_{-\infty}^{+\infty} d\tau \iint \nu_j u_i^-(\boldsymbol{\xi}, \tau) C_{ijkl} \frac{\partial}{\partial \xi_l} G_{nk}(\mathbf{x}, t-\tau; \boldsymbol{\xi}, 0) \, d\Sigma(\boldsymbol{\xi})$$

$$= +\int_{-\infty}^{+\infty} d\tau \iint [u_i(\boldsymbol{\xi}, \tau)] \nu_j C_{ijkl} \frac{\partial}{\partial \xi_l} G_{nk}(\mathbf{x}, t-\tau; \boldsymbol{\xi}, 0) \, d\Sigma(\boldsymbol{\xi}) . \quad (143)$$

77 頁で述べた連続，不連続の条件から，面積分される関数に含まれる変位 $\mathbf{u} = (u_i)$ は不連続で $\Sigma^+$ 側と $\Sigma^-$ 側で異なりますが，法線方向の**応力ベクトル** $\mathbf{T} = (T_i)$ は等しいです．したがって，$[T_i] = 0$ ですから，(140) 式の右辺第 2 項である (141) 式はゼロになります．これと (143) 式を (140) 式に代入して

$$u_n(\mathbf{x}, t) = \int_{-\infty}^{+\infty} d\tau \iiint \rho f_i(\boldsymbol{\xi}, \tau) G_{ni}(\mathbf{x}, t-\tau; \boldsymbol{\xi}, 0) \, dV(\boldsymbol{\xi})$$

$$+ \int_{-\infty}^{+\infty} d\tau \iint [u_i(\boldsymbol{\xi}, \tau)] \nu_j C_{ijkl} \frac{\partial}{\partial \xi_l} G_{nk}(\mathbf{x}, t-\tau; \boldsymbol{\xi}, 0) \, d\Sigma(\boldsymbol{\xi})$$

$$(144)$$

が得られます．

**デルタ関数**の定義（(123) 式）から

$$G_{ni}(\mathbf{x}, t-\tau; \boldsymbol{\xi}, 0) = \iiint \delta(\boldsymbol{\eta} - \boldsymbol{\xi}) G_{ni}(\mathbf{x}, t-\tau; \boldsymbol{\eta}, 0) dV(\boldsymbol{\eta}) \quad (145)$$

となり，この両辺を $\xi_l$ で偏微分した上で

$$\frac{\partial \delta(\boldsymbol{\eta} - \boldsymbol{\xi})}{\partial \xi_l} = -\frac{\partial \delta(\boldsymbol{\eta} - \boldsymbol{\xi})}{\partial \eta_l} \quad (146)$$

を用いると

$$\frac{\partial}{\partial \xi_l} G_{ni}(\mathbf{x}, t - \tau; \boldsymbol{\xi}, 0)$$

$$= -\iiint \frac{\partial \delta(\boldsymbol{\eta} - \boldsymbol{\xi})}{\partial \eta_l} G_{ni}(\mathbf{x}, t - \tau; \boldsymbol{\eta}, 0) dV(\boldsymbol{\eta}). \quad (147)$$

(147) 式を (144) 式の右辺第 2 項に代入して積分の順序を入れ替え, 比較のため右辺第 1 項の積分変数を $\boldsymbol{\xi}$ から $\boldsymbol{\eta}$ に替えて, 添え字の $i$ を $k$ に替えると

$$u_n(\mathbf{x}, t) = \int_{-\infty}^{+\infty} d\tau \iiint \rho f_k(\boldsymbol{\eta}, \tau) G_{nk}(\mathbf{x}, t - \tau; \boldsymbol{\eta}, 0) \, dV(\boldsymbol{\eta})$$

$$+ \int_{-\infty}^{+\infty} d\tau \iiint \left\{ -\iint [u_i(\boldsymbol{\xi}, \tau)] C_{ijkl} \nu_j \frac{\partial}{\partial \eta_l} \delta(\boldsymbol{\eta} - \boldsymbol{\xi}) \, d\Sigma(\boldsymbol{\xi}) \right\}$$

$$G_{nk}(\mathbf{x}, t - \tau; \boldsymbol{\eta}, 0) \, dV(\boldsymbol{\eta}) \quad (148)$$

となります.

(148) 式の右辺第 2 項を第 1 項と比較すると, 中括弧 { } の中が $\rho f_k$ に等しければ両者は一致します. 積分変数と添え字を替える前の第 1 項は, 震源断層がない場合の体積力 $\mathbf{f} = (f_i)$ に対する表現定理 ((127) 式) そのものですから, それに一致するということは震源断層は中括弧の中身である

$$-\iint [u_i(\boldsymbol{\xi}, \tau)] C_{ijkl} \nu_j \frac{\partial}{\partial \eta_l} \delta(\boldsymbol{\eta} - \boldsymbol{\xi}) \, d\Sigma(\boldsymbol{\xi}) \quad (149)$$

の形をした体積力に等価であることを示しています. (149) 式をより一般的にするため $\tau, \boldsymbol{\eta}$ を $t, \mathbf{x} = (x_l) = (x, y, z)$ とすれば, 震源断層 $\Sigma$ による変位は **等価体積力**

$$\rho f_k(\mathbf{x}, t) = -\iint [u_i(\boldsymbol{\xi}, t)] C_{ijkl} \nu_j \frac{\partial}{\partial x_l} \delta(\mathbf{x} - \boldsymbol{\xi}) \, d\Sigma(\boldsymbol{\xi}) \quad (150)$$

により表されることがわかります. 言い換えますと, ややこ

しいですが，地震の震源断層の問題では震源断層がある場合の表現定理（(140) 式）を用いる必要はなく，震源断層がない場合の表現定理 (127) 式）と等価体積力を用いればよいということになります．したがって，以下で単に "表現定理" と言った場合には震源断層がない場合の表現定理（(127) 式）を意味するものとします．

だいぶ長くなったので，ここで節を改めます．

## ダブルカップルの証明（続き）

前節に引き続き纐纈[14] に従って証明を続けます．図 31 に戻って，震源断層 $\Sigma$ は $y = 0$ の $x-z$ 平面上にあります．点震源ですから $\Sigma$ は十分に小さく "微小" な面積であり，その中で剛性率 $\mu$ は一定とすることができます．これのすべりは $x$ 方向なので $[u_x] = D(\mathbf{x}, t)$, $[u_y] = 0$, $[u_z] = 0$, $\boldsymbol{\nu} = (0, 1, 0)$ となり，$i \equiv x$, $j \equiv y$ です．また，弾性体は等方的であるとすると $C_{xykl}$ のうち $C_{xyxy} = C_{xyyx} = \mu$ 以外はゼロになりますから（34 頁），$k = x$ の場合の (150) 式は $l = y$ の項のみが残り

$$\rho f_x(\mathbf{x}, t) = -\iint_{\Sigma} \mu D(\xi_x, 0, \xi_z, t) \delta(x - \xi_x) \frac{\partial \delta(y)}{\partial y} \delta(z - \xi_z) \, d\xi_x d\xi_z$$

$$= -\mu D(\mathbf{x}_0, t) \frac{\partial \delta(y)}{\partial y}, \quad \mathbf{x}_0 = (x, 0, z). \tag{151}$$

同じように，$k = y$ の場合の (150) 式では $l = x$ の項のみが残り

$$\rho f_y(\mathbf{x}, t) = -\iint_{\Sigma} \mu D(\xi_x, 0, \xi_z, t) \frac{\partial \delta(x - \xi_x)}{\partial x} \delta(y) \delta(z - \xi_z) \, d\xi_x d\xi_z$$

$$= -\frac{\partial}{\partial x} \iint_{\Sigma} \mu D(\xi_x, 0, \xi_z, t) \delta(x - \xi_x) \delta(y) \delta(z - \xi_z) \, d\xi_x d\xi_z$$

$$= -\mu \frac{\partial D(\mathbf{x}_0, t)}{\partial x} \delta(y) \tag{152}$$

となります. $\rho f_z(\mathbf{x}, t)$ はゼロです.

添え字 $i$ の総和規約を書き下した, 震源断層のない場合の表現定理 ((128) 式) に (151) 式と (152) 式および $\rho f_z(\mathbf{x}, t) = 0$ を代入し, $\int f(s) \delta^{(n)}(s - \sigma) ds = (-1)^n f^{(n)}(\sigma)$ の公式 [34] を用いると

$$\begin{aligned}
u_n(\mathbf{x}, t) &= \iiint \Bigg\{ \rho f_x(\boldsymbol{\xi}, t) * G_{nx}(\mathbf{x}, t; \boldsymbol{\xi}, 0) \\
&\qquad + \rho f_y(\boldsymbol{\xi}, t) * G_{ny}(\mathbf{x}, t; \boldsymbol{\xi}, 0) \Bigg\} dV(\boldsymbol{\xi}) \\
&= \iiint \Bigg\{ -\mu D(\boldsymbol{\xi}_0, t) \frac{\partial \delta(\xi_y)}{\partial \xi_y} * G_{nx}(\mathbf{x}, t; \boldsymbol{\xi}, 0) \\
&\qquad - \mu \frac{\partial D(\boldsymbol{\xi}_0, t)}{\partial \xi_x} \delta(\xi_y) * G_{ny}(\mathbf{x}, t; \boldsymbol{\xi}, 0) \Bigg\} d\xi_x d\xi_y d\xi_z \\
&= \iint \Bigg\{ +\mu D(\boldsymbol{\xi}_0, t) \delta(\xi_y) * \frac{\partial}{\partial \xi_y} G_{nx}(\mathbf{x}, t; \boldsymbol{\xi}_0, 0) \\
&\qquad - \mu \frac{\partial D(\boldsymbol{\xi}_0, t)}{\partial \xi_x} * G_{ny}(\mathbf{x}, t; \boldsymbol{\xi}_0, 0) \Bigg\} d\xi_x d\xi_z. \tag{153}
\end{aligned}$$

ここで $\boldsymbol{\xi}_0 = (\xi_x, 0, \xi_z)$ です. 中括弧の中の第 2 項に $\xi_x$ に関する**部分積分**を適用して, 領域 $V(\boldsymbol{\xi})$ は十分に広く, その外周にある $\xi_x^{\min}$ や $\xi_x^{\max}$ では $D(\boldsymbol{\xi}_0, t) = 0$ とすると

$$\Big[ \mu D(\boldsymbol{\xi}_0, t) * G_{ny}(\mathbf{x}, t; \boldsymbol{\xi}_0, 0) \Big]_{\xi_x^{\min}}^{\xi_x^{\max}} = 0 \tag{154}$$

ですから

$$\begin{aligned}
\int \mu \frac{\partial D(\boldsymbol{\xi}_0, t)}{\partial \xi_x} & * G_{ny}(\mathbf{x}, t; \boldsymbol{\xi}_0, 0) d\xi_x \\
&= -\int \mu D(\boldsymbol{\xi}_0, t) * \frac{\partial}{\partial \xi_x} G_{ny}(\mathbf{x}, t; \boldsymbol{\xi}_0, 0) d\xi_x. \tag{155}
\end{aligned}$$

これを (153) 式に代入すれば

$$u_n(\mathbf{x}, t) = \iint \mu D(\boldsymbol{\xi}_0, t) *$$
$$\left\{ \frac{\partial}{\partial \xi_y} G_{nx}(\mathbf{x}, t; \boldsymbol{\xi}_0, 0) + \frac{\partial}{\partial \xi_x} G_{ny}(\mathbf{x}, t; \boldsymbol{\xi}_0, 0) \right\} d\xi_x d\xi_z \tag{156}$$

が得られます．さらに，点震源ですからグリーン関数やその偏微分は $\Sigma$ の中で，$\boldsymbol{\xi} = \mathbf{0}$ における一定値を取るとすることができるので

$$u_n(\mathbf{x}, t) =$$
$$\iint \mu D(\boldsymbol{\xi}_0, t) d\Sigma * \left\{ \frac{\partial}{\partial \xi_y} G_{nx}(\mathbf{x}, t; \mathbf{0}, 0) + \frac{\partial}{\partial \xi_x} G_{ny}(\mathbf{x}, t; \mathbf{0}, 0) \right\}. \tag{157}$$

一方，$\boldsymbol{\xi}$ にある点において $x_n$ 方向に強さが $F(t)$ である力が働くとき，それに等価な体積力 $\mathbf{f} = (f_i)$ は

$$\rho f_i(\mathbf{x}, t) = \delta_{in} \delta(\mathbf{x} - \boldsymbol{\xi}) F(t) \tag{158}$$

と与えられることが知られています[33]．図 31 の原点において強さが $\varepsilon^{-1} \iint \mu D d\Sigma$ である $x$ 方向正の向きの力が働くとき，これに等価な体積力は (158) 式から

$$\rho \mathbf{f}(\mathbf{x}, t) = \delta(\mathbf{x})(\varepsilon^{-1} \iint \mu D d\Sigma, 0, 0) \tag{159}$$

です．このような点に働く単独の力を以下では**点力源**とよぶことにします．それによる変位は表現定理（(128) 式）より

$$u_n^f(\mathbf{x}, t) = \iiint \delta(\boldsymbol{\xi}) \varepsilon^{-1} \iint \mu D d\Sigma * G_{nx}(\mathbf{x}, t; \boldsymbol{\xi}, 0) \, dV(\boldsymbol{\xi})$$
$$= \varepsilon^{-1} \iint \mu D d\Sigma * G_{nx}(\mathbf{x}, t; \mathbf{0}, 0) \tag{160}$$

と与えられますから，図 31 の原点ではなく $y$ 軸上 $+\varepsilon/2$ だけ
離れた点に作用した場合の変位は，(160) 式において $\delta(\boldsymbol{\xi})$ を
$\delta(\xi_x)\delta(\xi_y-\varepsilon/2)\delta(\xi_z)$ と置き換えた

$$u_n^{f+}(\mathbf{x}, t) = \varepsilon^{-1} \iint \mu D d\Sigma * G_{nx}(\mathbf{x}, t; 0, +\varepsilon/2, 0, 0) \qquad (161)$$

となります．これと逆向きの体積力が $y$ 軸上 $-\varepsilon/2$ だけ離れ
た点に作用した場合の変位は

$$u_n^{f-}(\mathbf{x}, t) = -\varepsilon^{-1} \iint \mu D d\Sigma * G_{nx}(\mathbf{x}, t; 0, -\varepsilon/2, 0, 0) \qquad (162)$$

となります．

これら二つの体積力を組み合わせた偶力（図 35 の実線矢
印）は (161) 式の変位と (162) 式の変位の和

$$\begin{aligned}
u_n(\mathbf{x}, t) &= u_n^{f+}(\mathbf{x}, t) + u_n^{f-}(\mathbf{x}, t) \\
&= \iint \mu D d\Sigma * \frac{G_{nx}(\mathbf{x}, t; 0, +\varepsilon/2, 0, 0) - G_{nx}(\mathbf{x}, t; 0, -\varepsilon/2, 0, 0)}{\varepsilon}
\end{aligned}$$

$$(163)$$

を生み出しますが，点震源ですので**偶力の腕の長さ**（図 31）
である $\varepsilon$ は "微小" でなければなりません．また，図 35 にお
いて**偶力の腕**は震源の位置の $y$ 軸上にありますから $\varepsilon = d\xi_y$
です．これを (163) 式に代入すると

$$u_n(\mathbf{x}, t) =$$
$$\iint \mu D d\Sigma * \frac{G_{nx}(\mathbf{x}, t; 0, +d\xi_y/2, 0, 0) - G_{nx}(\mathbf{x}, t; 0, -d\xi_y/2, 0, 0)}{d\xi_y}$$

$$(164)$$

です．偏微分の第 2 の定義（(9) 式）を $x$ 座標から $y$ 座標に書

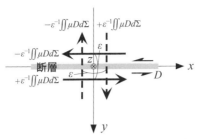

**図 35** (163) 式を生み出す偶力（実線矢印）と (168) 式を生み出す偶力（点線矢印）. これらが点震源のダブルカップルを構成する.

き換えた

$$\frac{f(x, y + dy/2, z) - f(x, y - dy/2, z)}{dy} = \frac{\partial f}{\partial y} \qquad (165)$$

において $f \to G_{nx}$, $dy \to d\xi_y$, $\partial y \to \partial \xi_y$, $x = 0$, $y = 0$, $z = 0$ とすれば (164) 式の最後の項に一致します. したがって

$$u_n(\mathbf{x}, t) = \iint \mu D d\Sigma * \frac{\partial G_{nx}(\mathbf{x}, t; \mathbf{0}, 0)}{\partial \xi_y} \qquad (166)$$

となって，(157) 式の右辺第 1 項に一致します. 力の強さは $\varepsilon^{-1} \iint \mu D d\Sigma$, 腕の長さは $\varepsilon$ ですから，**偶力のモーメント**（(132) 式）は

$$M_0 = \iint \mu D d\Sigma \qquad (167)$$

と与えられます.

　同様に，強さが $\varepsilon^{-1} \iint \mu D d\Sigma$ である $y$ 軸に沿った偶力が $x$ 軸上，原点から $\pm \varepsilon/2$ 離れて作用するとき（図 35 の点線矢印），その偶力による変位は $\varepsilon = d\xi_x$ として

$$u_n(\mathbf{x}, t) =$$

$$\iint \mu D d\Sigma * \frac{G_{ny}(\mathbf{x}, t; 0 + \varepsilon/2, 0, 0) - G_{ny}(\mathbf{x}, t; 0 - \varepsilon/2, 0, 0)}{\varepsilon}$$

$$= \iint \mu D d\Sigma * \frac{G_{ny}(\mathbf{x}, t; 0 + d\xi_x/2, 0, 0) - G_{ny}(\mathbf{x}, t; 0 - d\xi_x/2, 0, 0)}{d\xi_x}$$

$$= \iint \mu D d\Sigma * \frac{\partial G_{ny}(\mathbf{x}, t; \mathbf{0}, 0)}{\partial \xi_x} \tag{168}$$

となり，(157) 式の右辺第 2 項に一致します．こちらの偶力の
モーメントも (167) 式に等しいです．以上をまとめると，点
震源の震源断層 $\Sigma$ における**すべり** $D$ に等価な力が，地震モー
メントを

$$M_0 = \iint \mu D d\Sigma \tag{169}$$

とする**ダブルカップル**であることが証明されました．


## 証明のまとめ

「ダブルカップルの証明」および同「（続き）」の 2 節の最後
に，いろいろな数式が物理的にはどのような意味を持つかを
解説して締めくくりとしたいと思います．証明は，点震源の
震源断層を含む弾性体において，**運動方程式**（(84) 式）の**体
積積分**と**一般化されたフックの法則**（(85) 式）から，震源断
層がある場合の**表現定理**を導き出すことから始まります．そ
れに断層面積分の分解や震源断層における連続，不連続の条
件（77 頁）などを適用する形で進められています．図 36 に
証明の流れ図を示しました．

運動方程式は**力**のつり合いを表現していて（35 頁），一般

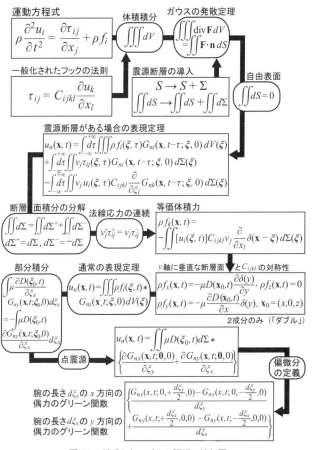

運動方程式
$$\rho \frac{\partial^2 u_i}{\partial t^2} = \frac{\partial \tau_{ij}}{\partial x_j} + \rho f_i$$

体積積分
$$\iiint dV$$

ガウスの発散定理
$$\iiint \mathrm{div}\,\mathbf{F}\,dV = \iint \mathbf{F}\cdot\mathbf{n}\,dS$$

一般化されたフックの法則
$$\tau_{ij} = C_{ijkl} \frac{\partial u_k}{\partial x_l}$$

震源断層の導入
$$S \to S + \Sigma$$
$$\iint dS \to \iint dS + \iint d\Sigma$$

自由表面
$$\iint dS = 0$$

震源断層がある場合の表現定理
$$u_n(\mathbf{x}, t) = \int_{-\infty}^{+\infty} d\tau \iiint \rho f_i(\xi, \tau) G_{ni}(\mathbf{x}, t-\tau; \xi, 0)\,dV(\xi)$$
$$+ \int_{-\infty}^{+\infty} d\tau \iint \nu_j \tau_{ij}(\xi, \tau) G_{ni}(\mathbf{x}, t-\tau; \xi, 0)\,d\Sigma(\xi)$$
$$- \int d\tau \iint \nu_j u_i(\xi, \tau) C_{ijkl} \frac{\partial}{\partial \xi_l} G_{nk}(\mathbf{x}, t-\tau; \xi, 0)\,d\Sigma(\xi)$$

断層面積分の分解
$$\iint d\Sigma = \iint d\Sigma^+ + \iint d\Sigma^-$$
$$d\Sigma^+ = d\Sigma, \ d\Sigma^- = -d\Sigma$$

法線応力の連続
$$\nu_j^+ \tau_{ij}^+ = \nu_j \tau_{ij}^-$$

等価体積力
$$\rho f_k(\mathbf{x}, t) = -\iint [u_i(\xi, t)] C_{ijkl} \nu_j \frac{\partial}{\partial x_l} \delta(\mathbf{x} - \xi)\,d\Sigma(\xi)$$

部分積分
$$\int \mu \frac{\partial D(\xi_0, t)}{\partial \xi_x} G_{ny}(\mathbf{x}, t; \xi_0, 0)\,d\xi_x$$
$$= -\int \mu D(\xi_0, t) \frac{\partial G_{ny}(\mathbf{x}, t; \xi_0, 0)}{\partial \xi_x}\,d\xi_x$$

通常の表現定理
$$u_n(\mathbf{x}, t) = \iiint \rho f_i(\xi, t) * G_{ni}(\mathbf{x}, t; \xi, 0)\,dV(\xi)$$

$y$軸に垂直な断層面と$C_{ijkl}$の対称性
$$\rho f_x(\mathbf{x}, t) = -\mu D(\mathbf{x}_0, t) \frac{\partial \delta(y)}{\partial y}, \ \rho f_z(\mathbf{x}, t) = 0$$
$$\rho f_y(\mathbf{x}, t) = -\mu \frac{\partial D(\mathbf{x}_0, t)}{\partial x} \delta(y), \ \mathbf{x}_0 = (x, 0, z)$$
2成分のみ 「ダブル」

$$u_n(\mathbf{x}, t) = \iint \mu D(\xi_0, t)\,d\Sigma *$$
$$\left\{ \frac{\partial G_{nx}(\mathbf{x}, t; \mathbf{0}, 0)}{\partial \xi_y} + \frac{\partial G_{ny}(\mathbf{x}, t; \mathbf{0}, 0)}{\partial \xi_x} \right\}$$

点震源

偏微分の定義

腕の長さ$d\xi_y$の$x$方向の偶力のグリーン関数

腕の長さ$d\xi_x$の$y$方向の偶力のグリーン関数

$$\left\{ \frac{G_{nx}(x, t; 0, +\frac{d\xi_y}{2}, 0) - G_{nx}(x, t; 0, -\frac{d\xi_y}{2}, 0)}{d\xi_y} \right.$$
$$\left. + \frac{G_{ny}(x, t; +\frac{d\xi_x}{2}, 0, 0) - G_{ny}(x, t; -\frac{d\xi_x}{2}, 0, 0)}{d\xi_x} \right\}$$

**図 36** ダブルカップルの証明の流れ図.

化されたフックの法則には「ダブルカップルの発見」の節で問題になった**力のモーメント**のつり合いが組み込まれています（31 頁）．したがって，相反定理や表現定理にはすでに力や力のモーメントのつり合いが含まれていますから，証明の過程でこれらつり合いを気にする必要はなく，得られた結果は自動的にこれらつり合いを満たしています．

　震源断層がない場合の表現定理（(127) 式）に比べて，震源断層がある場合の表現定理（(140) 式）には法線応力ベクトルに関する面積分

$$+ \int_{-\infty}^{+\infty} d\tau \iint \nu_j \tau_{ij}(\boldsymbol{\xi}, \tau) G_{ni}(\mathbf{x}, t - \tau; \boldsymbol{\xi}, 0) \, d\Sigma(\boldsymbol{\xi}) \tag{170}$$

と，変位に関する面積分

$$- \int_{-\infty}^{+\infty} d\tau \iint \nu_j u_i(\boldsymbol{\xi}, \tau) C_{ijkl} \frac{\partial}{\partial \xi_l} G_{nk}(\mathbf{x}, t - \tau; \boldsymbol{\xi}, 0) \, d\Sigma(\boldsymbol{\xi}) \tag{171}$$

が追加されていて，これらが震源断層の効果を表しています．断層面 $\Sigma$ は互いに逆向きの隣接した二つの表面 $\Sigma^+$ と $\Sigma^-$ を持っていて，**面積分** $\iint d\Sigma$ は $\iint d\Sigma^+ + \iint d\Sigma^-$ とすることになります．法線応力ベクトルは＋側と－側で連続（77 頁）で等しく，$\Sigma^+$ と $\Sigma^-$ は逆向きなので (170) 式はゼロになります．

　一方，変位は＋側と－側で不連続で（77 頁），断層の**すべり**の分だけ異なるので (171) 式はゼロではなく残り，**等価体積力**

$$\rho f_k(\mathbf{x}, t) = -\iint [u_i(\boldsymbol{\xi}, t)] C_{ijkl} \nu_j \frac{\partial}{\partial x_l} \delta(\mathbf{x} - \boldsymbol{\xi}) \, d\Sigma(\boldsymbol{\xi}) \tag{172}$$

（(150) 式に同じ，$[u_i(\boldsymbol{\xi}, t)] = u_i^+(\boldsymbol{\xi}, t) - u_i^-(\boldsymbol{\xi}, t)$）を用いれば (171) 式は

$$+ \int_{-\infty}^{+\infty} d\tau \iint \rho f_k(\mathbf{x}, t) G_{nk}(\mathbf{x}, t - \tau; \boldsymbol{\xi}, 0) \, d\Sigma(\boldsymbol{\xi}) \qquad (173)$$

と表されます. たとえば, 図 31 の震源断層は $y = 0$ における $x - z$ 平面にあり, すべり $D$ は $x$ 方向なので $[u_x] = D(\mathbf{x}, t)$, $[u_y] = 0$, $[u_z] = 0$, $\boldsymbol{\nu} = (0, 1, 0)$ となり $i \equiv x$, $j \equiv y$ です. また, 弾性体は等方的であるとすると $C_{xykl}$ のうち $C_{xyxy} = C_{xyyx} = \mu$ 以外はゼロになります (83 頁).

**総和規約** (一つの項の中で同じ添え字がくり返し現れたときにはそれについて総和を取る) を適用したとき, $k = x$ の場合 $l = y$ の項だけがゼロではなく, $k = y$ の場合 $l = x$ の項だけがゼロではありません. $k = z$ のとき $C_{xyzl}$, $l = x, y, z$ には $C_{xyxy}$ や $C_{xyyx}$ を含まれませんから, すべての項がゼロとなります. 以上から

$$\rho f_x(\mathbf{x}, t) = -\mu D(\mathbf{x}_0, t)\frac{\partial \delta(y)}{\partial y}, \quad \rho f_y(\mathbf{x}, t) = -\mu \frac{\partial D(\mathbf{x}_0, t)}{\partial x}\delta(y),$$

$$\rho f_z(\mathbf{x}, t) = 0, \quad \mathbf{x}_0 = (x, 0, z) \qquad (174)$$

です (詳しくは (151) 式と (152) 式). (174) 式において等価体積力の 3 成分のうち 2 成分がゼロではないということは, "ダブルカップル" の "ダブル" を示唆しています. また, $x$ 成分と $y$ 成分に分離しているということは, 2 組の偶力が互いに直交していることを示唆しています.

(174) 式を表現定理 ((128) 式) に代入して, デルタ関数の定義や部分積分などを用い, さらに, 点震源ですからグリーン関数やその偏微分は Σ の中で, $\boldsymbol{\xi} = \mathbf{0}$ における一定値を取るとすれば

$$u_n(\mathbf{x}, t) =$$

$$\iint \mu D(\boldsymbol{\xi}_0, t) d\Sigma * \left\{ \frac{\partial}{\partial \xi_y} G_{nx}(\mathbf{x}, t; \mathbf{0}, 0) + \frac{\partial}{\partial \xi_x} G_{ny}(\mathbf{x}, t; \mathbf{0}, 0) \right\} \tag{175}$$

に到達します（(157) 式に同じ）.

(175) 式の中括弧の中の第 2 項に**偏微分**の第 2 の定義（(9) 式）を適用すると

$$\frac{G_{ny}(\mathbf{x}, t; +d\xi_x/2, 0, 0) - G_{ny}(\mathbf{x}, t; -d\xi_x/2, 0, 0)}{d\xi_x}. \tag{176}$$

この中で $\pm G_{ny}(\mathbf{x}, t; \pm d\xi_x/2, 0, 0)$ はグリーン関数の定義（37 頁）から，$y$ 方向 の体積力

$$\rho f_y = \pm\delta(x \mp d\xi_x/2)\delta(y)\delta(z)\delta(t) \tag{177}$$

による変位の $n$ 成分を表します．この体積力は $(+d\xi_x/2, 0, 0)$ にある $y$ 方向正の向きの力の**インパルス**，および $(-d\xi_x/2, 0, 0)$ にある $y$ 方向負の向きの力のインパルスですので（図 37），$\varepsilon = d\xi_x$ とすれば図 31 の点線の偶力に相当することがわかり

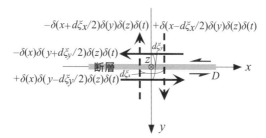

**図 37** (177) 式が示すインパルスの偶力（実線）と (179) 式が示すインパルスの偶力（点線）.

ます.

　続いて (175) 式の中括弧の中の第 1 項に,偏微分の第 2 の定義を $x$ 座標から $y$ 座標に書き換えた (165) 式を適用すると

$$\frac{G_{nx}(\mathbf{x}, t; 0, +d\xi_y/2, 0) - G_{nx}(\mathbf{x}, t; 0, -d\xi_y/2, 0)}{d\xi_y}. \tag{178}$$

この中で $\pm G_{nx}(\mathbf{x}, t; 0, \pm d\xi_y/2, 0)$ はグリーン関数の定義 (37 頁) から,$x$ 方向 の体積力

$$\rho f_x = \pm\delta(x)\delta(y \mp d\xi_y/2)\delta(z)\delta(t) \tag{179}$$

による変位の $n$ 成分を表します.この体積力は $(0, +d\xi_y/2, 0)$ にある $x$ 方向正の向きの力のインパルス,および $(0, -d\xi_y/2, 0)$ にある $x$ 方向負の向きの力のインパルスですので(図 37),$\varepsilon = d\xi_y$ とすれば図 31 の実線の偶力に相当することがわかりました.

　第 3 章の最後に,地震がダブルカップルとわかったことによって,震源の解析が難しくなったことを述べます.もし,地震が図 32 左のようにシングルカップルならば,解析により求まる偶力が自動的に震源断層に相当すると置くことができます.ところが,ダブルカップルだと二つの偶力が求まってしまい,どちらの偶力が震源断層なのか自動的には決められないという問題が起きます.図 31 では実線矢印の偶力に相当する $x$ 方向の左横ずれ断層が震源断層としてあります.しかし,点線矢印の偶力に相当する $y$ 方向の右横ずれ断層が震源断層であっても同じ地震になってしまいます.この難しさをいかに克服するかは第 4 章で述べます.

# 第4章

# 地震の起き方を解析する

## はじめに

　「震源は断層であり地震とはそこにおける断層運動である」，短く言い切ってしまえば「地震＝**断層運動**」という弾性反発説が，20世紀初頭に提案され，50年ほどかけて受け入れられていく過程を第3章の前半で解説しました．同じく第3章の後半では，「断層運動＝**ダブルカップル**」であることを物理の直観および数学に基づいて証明しました．その結果，点震源の地震は図35に示されたようなダブルカップルと等価であることがわかりました．

　しかし，そう証明されたとしても，このままでは地震動を計算することができません．地震動を計算できなければ，地震を解析することはできません．ダブルカップルを構成する一つひとつの力が，どのような地震動を発生させるか，それ

を表現する具体的な数式が必要になります．本章ではまずこの具体的な数式を導き，それによりダブルカップルによる地震動の計算式を得て，さらに地震動を用いた地震の解析，中でも震源の解析につなげていくことにします．

## 点力源による地震動

　図 35 のダブルカップルを構成するすべての力は，向きの正負はあるものの，強さは共通で $\varepsilon^{-1} \iint \mu D d\Sigma$ です．点震源の断層面 $\Sigma$ は "微小" で，剛性率 $\mu$ は一定としてよいことはすでに述べました（83 頁）．断層の**すべり** $D$ は一般に時間 $t$ と位置 $\mathbf{x}$ の関数ですが，面積分 $\iint \mu D d\Sigma$ を実行すれば $\mathbf{x}$ にはよらなくなります．したがって，$\varepsilon^{-1} \iint \mu D d\Sigma$ は時間のみの関数 $f(t)$ とすることができます．これらの力は $(\pm\varepsilon/2, 0, 0)$ あるいは $(0, \pm\varepsilon/2, 0)$ を作用点としていますが，ここではそれらに加えて，原点に作用する強さ $f(t)$ で $x$ 方向あるいは $y$ 方向正の向きの単独の力，つまり**点力源**（85 頁）を考えます（図 38）．

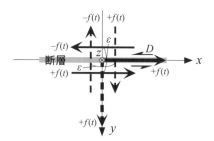

**図 38**　図 35 のダブルカップルに加えて，原点において $x$ または $y$ 方向正の向きに働く強さが $f(t) = \varepsilon^{-1} \iint \mu D d\Sigma$ の点力源（太矢印）が描かれています．

96

前記に限らず一般的な $f(t)$ の点力源による地震動 **u**（点力源は震源ではありませんが，その一部ということで "地震動" という言葉を引き続き使います）は非常に複雑な数式になり，その導出も大変長いものですが，第 1 章で登場した A. E. H. ラブの古典的名著[39)] にすでに書かれています．ということは A. E. H. ラブが遅くとも 1906 年には得ていたものであり，さらに驚くべきことに Love[39)] 自身によれば，ストークスの定理やナビエ–ストークスの方程式などで知られる G. G. ストークスが 1849 年に同等の数式を導いていたということです．つまり，地震の物理学は 19 世紀半ばの物理数学の上に成り立っているということになります．G. G. ストークスはその年，ケンブリッジ大学のルーカス講座数学教授に就任しました．H. ルーカス師の寄付により 1663 年に設立されたルーカス講座の数学教授は I. ニュートン，S. ホーキングなどが務め，数学教授と言いながら理論物理学，応用数学の分野の最も権威のある教授職の一つです．

　ただし，G. G. ストークスの論文[22)] がいつ出版されたのかはあまりはっきりしません．Love[39)] では 1849 年出版の文献として引用されていますので，本書の「引用文献」でもそのように書きました（131 頁）．確かに，論文の 1 頁目（図 39）には「Read *November* 26, 1849.」と書かれていて，当時の慣習としてまず学会，この論文の場合は Cambridge Philosophical Society（ケンブリッジ哲学会）において 1849 年 11 月 26 日に口頭発表されたとわかりますが，論文として編集，印刷，出版されるには現在でも数か月程度はかかります．また，論文一つひとつが随時出版されるわけではなく，ある程度の数がたまる

I. *On the Dynamical Theory of Diffraction.* By G. G. STOKES, M.A., *Fellow of Pembroke College, and Lucasian Professor of Mathematics in the University of Cambridge.*

[Read *November* 26, 1849.]

WHEN light is incident on a small aperture in a screen, the illumination at any point in front of the screen is determined, on the undulatory theory, in the following manner. The incident waves are conceived to be broken up on arriving at the aperture; each element of the aperture is considered as the centre of an elementary disturbance, which diverges spherically in all directions, with an intensity which does not vary rapidly from one direction to another in the neighbourhood of the normal to the primary wave; and the disturbance at any point is found by taking the aggregate of the disturbances due to all the secondary waves, the phase of vibration of each being retarded by a quantity corresponding to the distance from its centre to the point where the disturbance is sought. The square of the coefficient of vibration is then taken as a measure of the intensity of illumination. Let us consider for a moment the hypotheses on which this process rests. In the first place, it is no hypothesis that we may conceive the waves broken up on arriving at the aperture: it is a necessary consequence of the dynamical principle of the superposition of small motions; and if this principle be inapplicable to light, the undulatory theory is upset from its very foundations. The mathematical resolution of a wave, or any portion of a wave, into elementary disturbances must not be confounded with a physical breaking up of the wave, with which it has no more to do than the division of a rod of variable density into differential elements, for the purpose of finding its centre of gravity, has to do with breaking the rod in pieces. It *is* an hypothesis that we may find the disturbance in front of the aperture by merely taking the aggregate of the disturbances due to all the secondary waves, each secondary wave proceeding as if the screen were away; in other words, that the effect of the screen is *merely to stop* a certain portion of the incident light. This hypothesis, exceedingly probable *a priori*, when we are only concerned with points at no great distance from the normal to the primary wave, is confirmed by experiment, which shews that the same appearances are presented, with a given aperture, whatever be the nature of the screen in which the aperture is pierced, whether, for example, it consist of paper or of foil, whether a small aperture be divided by a hair or by a wire of equal thickness. It is an hypothesis, again, that the intensity in a secondary wave is nearly constant, at a given distance from the centre, in different directions very near the normal to the primary wave; but it seems to me almost impossible to conceive a mechanical theory which would not lead to this result. It is evident that the difference of phase of the various secondary waves which agitate a given point must be determined by the difference of their radii; and if it should afterwards be found necessary to add a constant to all the phases the results will not be at all affected.

と 1 冊にまとめて出版されるのが通例です．この論文が搭載された *Transactions of the Cambridge Philosophical Society* の第 9 巻は第 1 部から第 4 部に分かれていて，各部ごとに出版されたことが想像されます．第 1 部の 8 編のうち最初がこの論文で，残り 7 編の発表日のうち一番遅いのは 1850 年 4 月 15 日です．それに編集，印刷などの数か月を加えれば第 1 部の出版年としては 1851 年が妥当と思われ，纐纈[14] を含めた複数の文献ではそうされています．

Love [39] や Stokes [22] による，点力源の地震動のための数式の長い導出を解説するには紙数が全然足りませんので，本書ではそのアウトラインのみ示します．それでも，Love [39] や Stokes [22] では不足している図面による説明や，前提となっている定理や公式の説明を，纐纈[14] に沿って追加しました．ダブルカップルの証明と同じように（88 頁），運動方程式と一般化されたフックの法則から始まります．

簡単のため，弾性体は均質で，**等方性**（35 頁）を持っているとします．その場合，**一般化されたフックの法則**は (76) 式になり，それを (84) 式の運動方程式に代入して総和規約を書き下します．**均質**ですから弾性定数 $\lambda$, $\mu$ は一定で

$$\frac{\partial \lambda}{\partial x} = \frac{\partial \lambda}{\partial y} = \frac{\partial \lambda}{\partial z} = 0, \quad \frac{\partial \mu}{\partial x} = \frac{\partial \mu}{\partial y} = \frac{\partial \mu}{\partial z} = 0 \qquad (180)$$

です．これらを書き下した結果に代入すると，均質な等方弾性体における**運動方程式**として

$$\rho \frac{\partial^2 u_x}{\partial t^2} = (\lambda + \mu) \frac{\partial}{\partial x} \left( \frac{\partial u_x}{\partial x} + \frac{\partial u_y}{\partial y} + \frac{\partial u_z}{\partial z} \right)$$
$$+ \mu \left( \frac{\partial^2}{\partial x^2} + \frac{\partial^2}{\partial y^2} + \frac{\partial^2}{\partial z^2} \right) u_x + \rho f_x,$$

$$\rho \frac{\partial^2 u_y}{\partial t^2} = (\lambda + \mu) \frac{\partial}{\partial y} \left( \frac{\partial u_x}{\partial x} + \frac{\partial u_y}{\partial y} + \frac{\partial u_z}{\partial z} \right)$$
$$+ \mu \left( \frac{\partial^2}{\partial x^2} + \frac{\partial^2}{\partial y^2} + \frac{\partial^2}{\partial z^2} \right) u_y + \rho f_y,$$

$$\rho \frac{\partial^2 u_z}{\partial t^2} = (\lambda + \mu) \frac{\partial}{\partial z} \left( \frac{\partial u_x}{\partial x} + \frac{\partial u_y}{\partial y} + \frac{\partial u_z}{\partial z} \right)$$
$$+ \mu \left( \frac{\partial^2}{\partial x^2} + \frac{\partial^2}{\partial y^2} + \frac{\partial^2}{\partial z^2} \right) u_z + \rho f_z \tag{181}$$

が得られます.

　ここでの記述を簡略にするためにベクトルの表現を活用することにして, 6 頁や 35 頁, 38 頁で定義した $\mathbf{u} = (u_x, u_y, u_z)$ や $\mathbf{f} = (f_x, f_y, f_z)$, $\mathbf{x} = (x, y, z)$ を再び用います. また, ベクトルの偏微分に関連したものとして, 44 頁の発散 div に加えて, **勾配** grad と**回転** curl を任意のスカラー $F$ やベクトル $\mathbf{F} = (F_x, F_y, F_z)$ に対して次のように定義します.

$$\mathrm{grad}\, F = \left( \frac{\partial F}{\partial x}, \frac{\partial F}{\partial y}, \frac{\partial F}{\partial z} \right),$$
$$\mathrm{curl}\, \mathbf{F} = \left( \frac{\partial F_z}{\partial y} - \frac{\partial F_y}{\partial z}, \frac{\partial F_x}{\partial z} - \frac{\partial F_z}{\partial x}, \frac{\partial F_y}{\partial x} - \frac{\partial F_x}{\partial y} \right). \tag{182}$$

微分が**変化率**であるという説明 (7 頁) から考えれば, $\mathrm{grad}\, F$ の各成分 $\frac{\partial F}{\partial x}$, $\frac{\partial F}{\partial y}$, $\frac{\partial F}{\partial z}$ はそれぞれ $F$ の $x$ 方向, $y$ 方向, $z$ 方向の変化率です. したがって, $F$ を地面に見立てれば, 地面の「水平方向の変化に対する水平面からの距離の比」[20] と定義

される "勾配" と，grad がよばれることは理解しやすいです．

これに比べて "回転" の理解はなかなか難しいですが，長沼伸一郎の『物理数学の直観的方法』[27] に基づいて説明します．まず "発散" の場合（44 頁）と同じように，**F** が水の流れの速度を表すベクトルとします．図 18 と同じようなデカルト座標系において $z$ 軸の正の側から見ると，流れの $y$ 成分 $F_y$ は図 40 左のように見えるはずです．$z$ 軸はそれを矢に見立てたときに前から見た形 ⊙（・印は矢の矢じりを表します）になっています．地点 $x$ における微小区間 $dx$ を考えて，両側では $F_y(x, y, z)$ と $F_y(x+dx, y, z)$ の $y$ 方向の流れがあり，図に灰色の星形で示した "水車" が置かれているとします[27]．水車の軸は区間の中点で $z$ 軸に平行に伸びているとすれば（$z$ 軸と同じく ⊙ で描きました），水車の羽根の長さは $\dfrac{dx}{2}$ です．

地点 $x$ における水車の羽根は水の流れにより $F_y(x, y, z)$ の速度が与えられるとすれば，水車は時計回りに回転し，その

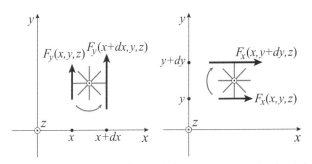

**図 40** "回転" の模式図（長沼[27] に基づく）．図 18 と同じようなデカルト座標系の $z$ 軸の正の側から見下ろす．水の流れ **F** の $y$ 成分 $F_y$ が微小区間 $dx$ で水に与える影響（左）と $x$ 成分 $F_x$ が微小区間 $dy$ で水に与える影響（右）を示す．大きな灰色の星形は仮想的な水車．

角速度は速度を羽根の長さで割った $\dfrac{2F_y(x, y, z)}{dx}$ です．同じように地点 $x + dx$ における水の流れにより水車は反時計回りに角速度 $\dfrac{2F_y(x + dx, y, z)}{dx}$ で回転します．反時計回りを正として両者を合わせ，偏微分の定義である (7) 式を用いれば，水車は角速度

$$\frac{2F_y(x + dx, y, z)}{dx} - \frac{2F_y(x, y, z)}{dx}$$
$$= 2 \cdot \frac{F_y(x + dx, y, z) - 2F_y(x, y, z)}{dx} = 2 \cdot \frac{\partial F_y}{\partial x} \qquad (183)$$

で回転することになります．

次に図 40 右に示すように，地点 $y$ における微小区間 $dy$ を考えれば，$x$ 方向の流れ $F_x$ により羽根の長さ $\dfrac{dy}{2}$ の水車が角速度

$$-\frac{2F_x(x, y + dy, z)}{dy} + \frac{2F_x(x, y, z)}{dy} = -2 \cdot \frac{\partial F_x}{\partial y} \qquad (184)$$

で回転します．この場合はそれぞれの流れが作る回転が $F_y$ とは逆向きなので負号が付きます．$F_z$ は図 40 の水車を回転させません．

以上をまとめれば，水の流れ $\mathbf{F}$ は全体として図 40 の水車を，(183) 式と (184) 式を組み合わせた

$$2\left(\frac{\partial F_y}{\partial x} - \frac{\partial F_x}{\partial y}\right) \qquad (185)$$

という角速度で回転させます．(185) 式を (182) 式の curl $\mathbf{F}$ と比較すると，curl $\mathbf{F}$ の $z$ 成分は $z$ 軸に平行な軸周りの回転の角速度の半分を表していることがわかります．同様に，curl $\mathbf{F}$ の $x$, $y$ 成分は $x$, $y$ 軸に平行な軸周りの回転の角速度の半分を表

していますから，curl **F** は回転を意味していることになります．

なお，『数学辞典』[28]では，"発散"に対する"ガウスの発散定理"（(105) 式）に加えて，"勾配"に対する

$$\iiint \operatorname{grad} \varphi \, dV = \iint \varphi \, dS \qquad (186)$$

および"回転"に対する

$$\iiint \operatorname{curl} \mathbf{F} \, dV = -\iint \mathbf{F} \times \mathbf{n} \, dS \qquad (187)$$

が挙げられていて，(105) 式，(186) 式，(187) 式の 3 式をあわせて**ガウスの定理**とよんでいます．上記の 2 式が紹介されている文献は少ないですが有用性は高く，本書でも (187) 式が後ほど利用されます．

勾配 grad や発散 div などを用いると (181) 式は次のように書き換えられます．

$$\rho \frac{\partial^2 \mathbf{u}}{\partial t^2} = (\lambda + \mu) \operatorname{grad} (\operatorname{div} \mathbf{u}) + \mu \nabla^2 \mathbf{u} + \rho \mathbf{f} . \qquad (188)$$

この中で $\nabla^2$ は**ラプラシアン**とよばれてスカラーに対して

$$\nabla^2 F = \frac{\partial^2 F}{\partial x^2} + \frac{\partial^2 F}{\partial y^2} + \frac{\partial^2 F}{\partial z^2} \qquad (189)$$

と定義され，ベクトルに対しても

$$\nabla^2 \mathbf{F} \Longrightarrow \left( \nabla^2 F_x, \nabla^2 F_y, \nabla^2 F_z \right) \qquad (190)$$

となるものです．

これでようやく準備が整いました．しかし，G. G. ストークスの論文と"回転"の直観的説明で紙数を使ってしまったので，ここで節を改めます．

## 点力源による地震動（続き）

　任意のベクトルに対して一般的に成り立つ**ヘルムホルツの定理**というものがあります[28]．これにより地震動のベクトル $\mathbf{u}$ と体積力のベクトル $\mathbf{f}$ は，**スカラーポテンシャル** $\phi$，$\Phi$ と**ベクトルポテンシャル** $\boldsymbol{\psi}$，$\boldsymbol{\Psi}$ を用いて

$$\mathbf{u} = \operatorname{grad}\phi + \operatorname{curl}\boldsymbol{\psi}, \quad \mathbf{f} = \operatorname{grad}\Phi + \operatorname{curl}\boldsymbol{\Psi} \qquad (191)$$

と表すことができます．ただし，左辺は 3 変数（$\mathbf{u}$ や $\mathbf{f}$ の 3 成分）なのに右辺は 4 変数（$\phi$ や $\Phi$ の 1 変数＋ $\boldsymbol{\psi}$ や $\boldsymbol{\Psi}$ の 3 成分）で表し方が一通りには決まらないので

$$\operatorname{div}\boldsymbol{\psi} = 0, \quad \operatorname{div}\boldsymbol{\Psi} = 0 \qquad (192)$$

という条件を追加します．(191) 式を (188) 式に代入して，

$$\operatorname{curl}(\operatorname{grad}F) \equiv \mathbf{0}, \ \operatorname{div}(\operatorname{curl}\mathbf{F}) \equiv 0, \ \operatorname{div}(\operatorname{grad}F) = \nabla^2 F \quad (193)$$

という公式を用い，$\dfrac{\partial^2}{\partial t^2}(\operatorname{div}\mathbf{F}) = \operatorname{div}\left(\dfrac{\partial^2 \mathbf{F}}{\partial t^2}\right)$ など偏微分の順番は入れ替えられるとすると

$$\operatorname{grad}\left(\rho\frac{\partial^2 \phi}{\partial t^2}\right) + \operatorname{curl}\left(\rho\frac{\partial^2 \boldsymbol{\psi}}{\partial t^2}\right) = (\lambda + 2\mu)\operatorname{grad}\left(\nabla^2 \phi\right)$$

$$+\mu\operatorname{curl}\left(\nabla^2 \boldsymbol{\psi}\right) + \rho\operatorname{grad}\Phi + \rho\operatorname{curl}\boldsymbol{\Psi}. \qquad (194)$$

　(194) 式全体に div を適用して再び (193) 式の公式を用いると

$$\nabla^2 \left( \rho \frac{\partial^2 \phi}{\partial t^2} \right) = (\lambda + 2\mu)\nabla^2 \left( \nabla^2 \phi \right) + \rho \nabla^2 \Phi$$

$$= \nabla^2 \left( (\lambda + 2\mu)\nabla^2 \phi + \rho \Phi \right) \tag{195}$$

が得られます．さらに (195) 式の両辺の $\nabla^2(\ )$ の中を比較すれば

$$\frac{\partial^2 \phi}{\partial t^2} = \alpha^2 \nabla^2 \phi + \Phi, \quad \alpha = \sqrt{\frac{\lambda + 2\mu}{\rho}} \tag{196}$$

という**波動方程式**[32] の形になります．また，(194) 式全体に curl を適用して再び (193) 式の公式を用いると，

$$\mathrm{curl}\,\mathrm{curl} \left( \rho \frac{\partial^2 \boldsymbol{\psi}}{\partial t^2} \right) = \mu\,\mathrm{curl}\,\mathrm{curl} \left( \nabla^2 \boldsymbol{\psi} \right) + \rho\,\mathrm{curl}\,\mathrm{curl}\,\boldsymbol{\Psi}$$

$$= \mathrm{curl}\,\mathrm{curl} \left( \mu\nabla^2 \boldsymbol{\psi} + \rho \boldsymbol{\Psi} \right) \tag{197}$$

が得られます．さらに (197) 式の両辺の $\mathrm{curl}\,\mathrm{curl}(\ )$ の中を比較すれば

$$\frac{\partial^2 \boldsymbol{\psi}}{\partial t^2} = \beta^2 \nabla^2 \boldsymbol{\psi} + \boldsymbol{\Psi}, \quad \beta = \sqrt{\frac{\mu}{\rho}} \tag{198}$$

という波動方程式の形になります．

　したがって，スカラーポテンシャル $\phi$ が表す地震動は速度 $\alpha$ で地球や地下構造の中を伝わる波動，つまり波であり，**P 波**とよばれています．これに対して，ベクトルポテンシャル $\boldsymbol{\psi}$ が表す地震動は速度 $\beta$ で伝わる波動であり，**S 波**とよばれています．$\alpha = \sqrt{\dfrac{\lambda + 2\mu}{\rho}}$ は明らかに $\beta = \sqrt{\dfrac{\mu}{\rho}}$ より速いですから，最初にやってくるのが P 波で 2 番目が S 波です．"最初の" を意味する英語 "primary" またはそれに相当するラテン語の頭文字を取って P 波，"2 番目の" を意味する英語 "secondary"

またはそれに相当するラテン語の頭文字を取って S 波とよばれると多くの文献に書かれていますが，真偽のほどは明らかでありません．だれがいつ頃よび始めたのかもわかっていないようです．

　ここからの流れは

【1】点力源に等価な体積力 **f** を求める．

【2】**f** のスカラーポテンシャル Φ を求める．

【3】**f** のベクトルポテンシャル **Ψ** を求める．

【4】(196) 式と Φ から **u** のスカラーポテンシャル $\phi$ を求める．

【5】(198) 式と **Ψ** から **u** のベクトルポテンシャル $\psi$ を求める．

【6】$\phi$, $\psi$ から **u** を求める．

となります．

【1】点力源を定義した 85 頁で述べたように，$\xi$ にある点において $x_n$ 方向に強さが $F(t)$ である力が働くとき，それに等価な体積力 $\mathbf{f} = (f_i)$ は $\rho f_i(\mathbf{x}, t) = \delta_{in}\delta(\mathbf{x} - \xi)F(t)$（(158) 式）と与えられます．したがって，図 38 の中の，原点において $x$ 方向正の向きに働く強さが $f(t)$ の点力源では，等価な体積力が

$$\rho\,\mathbf{f}(\mathbf{x}, t) = \delta(\mathbf{x})(f(t), 0, 0) \tag{199}$$

となります．

【2】ヘルムホルツの定理に戻って，(191) 式の第 2 式全体に div を適用して (193) 式の公式を用い，両辺を入れ替えると

$$\nabla^2\Phi = \mathrm{div}\,\mathbf{f} \tag{200}$$

です．この方程式は，**ポアソン方程式**[28) ] とよばれる一般的な方程式 $\nabla^2 U = -4\pi\sigma$ において $U \to \Phi$, $\sigma \to -\dfrac{\mathrm{div}\,\mathbf{f}}{4\pi}$ とした場合

に相当します．ポアソン方程式の解は $U(\mathbf{x}) = \iiint \dfrac{\sigma(\boldsymbol{\xi})}{r} dV(\boldsymbol{\xi})$ であると知られていますから，(200) 式の解は

$$\Phi(\mathbf{x}) = -\frac{1}{4\pi} \iiint \frac{\operatorname{div} \mathbf{f}(\boldsymbol{\xi})}{r} dV(\boldsymbol{\xi}) \tag{201}$$

です．ここで $\mathbf{x}$ はポテンシャルを計算する地点を，$\boldsymbol{\xi}$ は体積積分が行われる地点を表し，$r$ はそれら地点の距離です．$\mathbf{F} = \mathbf{f}/r$，$\iint dS = 0$ とした**ガウスの発散定理**により (201) 式の $-\dfrac{\operatorname{div} \mathbf{f}}{r}$ を $\operatorname{div}\left(\dfrac{1}{r}\right)\mathbf{f}$ に置き換えて (199) 式を代入し，$\dfrac{\partial r}{\partial x} = -\dfrac{\partial r}{\partial \xi_x}$ に注意して偏微分を書き換えます．その後，(123) 式を利用して体積積分を実行すると

$$\Phi(\mathbf{x}) = \frac{-1}{4\pi\rho} f(t) \frac{\partial R^{-1}(\mathbf{x})}{\partial x} \tag{202}$$

となります．この中で

$$R(\mathbf{x}) = |\mathbf{x}| \tag{203}$$

は，原点（109 頁図 41 左の $O$）とポテンシャルを計算する地点（同図の $\phi$, $\Psi$）の距離を表します．

【3】 (191) 式の第 2 式全体に curl を適用して (193) 式の公式を用い，両辺を入れ替えると $\operatorname{curl}\operatorname{curl} \boldsymbol{\Psi} = \operatorname{curl} \mathbf{f}$ ですが，$\operatorname{curl}\operatorname{curl} \mathbf{F} = \operatorname{grad}(\operatorname{div} \mathbf{F}) - \nabla^2 \mathbf{F}$ という公式と (192) 式の追加条件を用いると

$$\nabla^2 \boldsymbol{\Psi} = -\operatorname{curl} \mathbf{f} \tag{204}$$

です．これは $U \to \Psi$，$\sigma \to +\dfrac{\operatorname{curl} \mathbf{f}}{4\pi}$ としたポアソン方程式ですから

$$\boldsymbol{\Psi}(\mathbf{x}) = +\frac{1}{4\pi} \iiint \frac{\operatorname{curl} \mathbf{f}(\xi)}{r} dV(\xi). \tag{205}$$

**ガウスの定理**（103 頁）のうち "回転" に関するもの（(187) 式）において $\mathbf{F} = \operatorname{curl} \mathbf{f}/r$, $\iint dS = 0$ とすれば, 公式 $\operatorname{curl}(\varphi\mathbf{F}) = \varphi\operatorname{curl}\mathbf{F} - \mathbf{F} \times \operatorname{grad}\varphi$ を用いて

$$\iiint \operatorname{curl}\left(\frac{\mathbf{f}}{r}\right)dV = \iiint \frac{\operatorname{curl}\mathbf{f}}{r}dV - \iiint \mathbf{f} \times \operatorname{grad}\left(\frac{1}{r}\right)dV = 0 \quad (206)$$

です. これにより (205) 式の $\dfrac{\operatorname{curl}\mathbf{f}}{r}$ を $\mathbf{f} \times \operatorname{grad}\left(\dfrac{1}{r}\right)$ に置き換えて, (199) 式を代入すると

$$\Psi(\mathbf{x}) = \frac{+1}{4\pi} \iiint \left\{\mathbf{f} \times \nabla\left(\frac{1}{r}\right)\right\}dV$$

$$= \frac{+1}{4\pi\rho} \iiint \left(0, -f(t)\frac{\partial}{\partial\xi_z}\left(\frac{1}{r}\right), +f_0\frac{\partial}{\partial\xi_y}\left(\frac{1}{r}\right)\right)dV(\boldsymbol{\xi}) . \quad (207)$$

$\dfrac{\partial r}{\partial y} = -\dfrac{\partial r}{\partial\xi_y}$, $\dfrac{\partial r}{\partial z} = -\dfrac{\partial r}{\partial\xi_z}$ に注意して偏微分を書き換え, (123) 式を利用して体積積分を実行すれば

$$\Psi(\mathbf{x}) = \left(0, \frac{+1}{4\pi\rho}f(t)\frac{\partial R^{-1}(\mathbf{x})}{\partial z}, \frac{-1}{4\pi\rho}f(t)\frac{\partial R^{-1}(\mathbf{x})}{\partial y}\right) \quad (208)$$

となります.

**【4】 ベルトラミの定理**によれば,

$$U = \iint \frac{\sigma(\boldsymbol{\xi}, t - r/\upsilon)}{r}dV \quad (209)$$

は**波動方程式**

$$\frac{1}{\upsilon^2}\frac{\partial^2 U}{\partial t^2} = \nabla^2 U + 4\pi\sigma \quad (210)$$

を満足します[6]. 地震動のスカラーポテンシャルの波動方程式（(196) 式）は, (210) 式において $U = \phi$, $\upsilon = \alpha$, $4\pi\sigma = \Phi/\alpha^2$ の置き換えを行ったものに相当しますから, (209) 式にこれら置換を施した

$$\phi(\mathbf{x}, t) = \iiint \frac{\Phi(\boldsymbol{\xi}, t - r/\alpha)}{4\pi\alpha^2 r} \, dV(\boldsymbol{\xi}) \tag{211}$$

は (196) 式を満足します．この式に，先に得られた (202) 式を代入し，体積積分を $\mathbf{x}$ を中心とした球面積分と半径 $r$ の積分に置き換えると（図 41 左）

$$\phi(\mathbf{x}, t) = \frac{-1}{(4\pi)^2\alpha^2\rho} \int \frac{f(t - r/\alpha)}{r} dr \iint \frac{\partial R^{-1}(\boldsymbol{\xi})}{\partial \xi} dS(\boldsymbol{\xi}). \tag{212}$$

【2】，【3】で行った偏微分の書き換えを (212) 式にも行うため $\boldsymbol{\xi}$ を移動させて（図 41 中），球面積分を図 41 右に示した形で行います．その結果，

$$\phi(\mathbf{x}, t) = \frac{-1}{4\pi\alpha^2\rho} \int_0^R rf\left(t - \frac{r}{\alpha}\right) dr \frac{\partial R^{-1}}{\partial x}$$

$$= \frac{-1}{4\pi\rho} \frac{\partial R^{-1}}{\partial x} \int_0^{R/\alpha} \tau f(t - \tau) \, d\tau \tag{213}$$

が得られます．

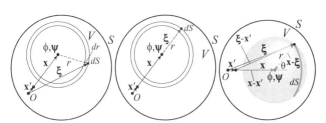

**図 41** 領域 $V$（図 19）の断面の模式図（左）．体積積分は $\mathbf{x}$ を中心とした球面積分と半径 $r$ の積分に置き換わる．$\boldsymbol{\xi}$ だけ移動させた後の領域 $V$ の断面図（中）とそれに垂直な方向からの立体図（右）．右図の濃い灰色リボンが $dS$（纐纈[14] による）．

【5】 地震動のベクトルポテンシャルの波動方程式（(198) 式）

と点力源に等価な体積力のベクトルポテンシャル（(208) 式）に対しても【4】と同じように行います．その結果，

$$\psi_x(\mathbf{x}, t) = 0,$$

$$\psi_y(\mathbf{x}, t) = \frac{+1}{4\pi\rho} \frac{\partial R^{-1}}{\partial z} \int_0^{R/\beta} \tau f(t - \tau)\, d\tau,$$

$$\psi_z(\mathbf{x}, t) = \frac{-1}{4\pi\rho} \frac{\partial R^{-1}}{\partial y} \int_0^{R/\beta} \tau f(t - \tau)\, d\tau \tag{214}$$

が得られます．

【6】 $\mathbf{u} = (u_x, u_y, u_z) = \operatorname{grad}\phi + \operatorname{curl}\boldsymbol{\psi}$（(191) 式の第 1 式）に (213) 式と (214) 式を代入すると，$x$ 方向正の向きで強さ $f(t)$ の点力源（図 38 太実線矢印）が原点に働いたときの地震動が

$$u_x = \frac{1}{4\pi\rho} \left[ \frac{\partial^2 R^{-1}}{\partial x^2} \int_{R/\alpha}^{R/\beta} \tau f(t - \tau)\, d\tau + \frac{1}{\beta^2 R} f\left(t - \frac{R}{\beta}\right) \right.$$
$$\left. + \frac{1}{R} \left(\frac{\partial R}{\partial x}\right)^2 \left\{ \frac{1}{\alpha^2} f\left(t - \frac{R}{\alpha}\right) - \frac{1}{\beta^2} f\left(t - \frac{R}{\beta}\right) \right\} \right]$$

$$u_y = \frac{1}{4\pi\rho} \left[ \frac{\partial^2 R^{-1}}{\partial x \partial y} \int_{R/\alpha}^{R/\beta} \tau f(t - \tau)\, d\tau \right.$$
$$\left. + \frac{1}{R} \frac{\partial R}{\partial x} \frac{\partial R}{\partial y} \left\{ \frac{1}{\alpha^2} f\left(t - \frac{R}{\alpha}\right) - \frac{1}{\beta^2} f\left(t - \frac{R}{\beta}\right) \right\} \right]$$

$$u_z = \frac{1}{4\pi\rho} \left[ \frac{\partial^2 R^{-1}}{\partial x \partial z} \int_{R/\alpha}^{R/\beta} \tau f(t - \tau)\, d\tau \right.$$
$$\left. + \frac{1}{R} \frac{\partial R}{\partial x} \frac{\partial R}{\partial z} \left\{ \frac{1}{\alpha^2} f\left(t - \frac{R}{\alpha}\right) - \frac{1}{\beta^2} f\left(t - \frac{R}{\beta}\right) \right\} \right] \tag{215}$$

と得られます．

　$y$ 方向正の向きで強さ $f(t)$ の点力源（図 38 太点線矢印）が原点に働いた場合は，【1】において等価な体積力として (199) 式のかわりに

$$\rho \, \mathbf{f}(\mathbf{x}, t) = \delta(\mathbf{x})(0, f(t), 0) \tag{216}$$

とする必要があります．しかし，それ以降の手順はほぼ【2】から【6】と同じように行えばよく，その結果の地震動を (215) 式と区別するため $\mathbf{u}' = (u'_x, u'_y, u'_z)$ とプライム付きで表せば

$$u'_x = \frac{1}{4\pi\rho}\left[\frac{\partial^2 R^{-1}}{\partial x \partial y}\int_{R/\alpha}^{R/\beta}\tau f(t-\tau)d\tau\right.$$
$$\left. + \frac{1}{R}\frac{\partial R}{\partial x}\frac{\partial R}{\partial y}\left\{\frac{1}{\alpha^2}f\left(t-\frac{R}{\alpha}\right) - \frac{1}{\beta^2}f\left(t-\frac{R}{\beta}\right)\right\}\right]$$

$$u'_y = \frac{1}{4\pi\rho}\left[\frac{\partial^2 R^{-1}}{\partial y^2}\int_{R/\alpha}^{R/\beta}\tau f(t-\tau)d\tau + \frac{1}{\beta^2 R}f\left(t-\frac{R}{\beta}\right)\right.$$
$$\left. + \frac{1}{R}\left(\frac{\partial R}{\partial y}\right)^2\left\{\frac{1}{\alpha^2}f\left(t-\frac{R}{\alpha}\right) - \frac{1}{\beta^2}f\left(t-\frac{R}{\beta}\right)\right\}\right]$$

$$u'_z = \frac{1}{4\pi\rho}\left[\frac{\partial^2 R^{-1}}{\partial y \partial z}\int_{R/\alpha}^{R/\beta}\tau f(t-\tau)d\tau\right.$$
$$\left. + \frac{1}{R}\frac{\partial R}{\partial y}\frac{\partial R}{\partial z}\left\{\frac{1}{\alpha^2}f\left(t-\frac{R}{\alpha}\right) - \frac{1}{\beta^2}f\left(t-\frac{R}{\beta}\right)\right\}\right] \tag{217}$$

と得られます．

## 点震源による地震動

図 38 の中のすべての力を，作用点を始点する矢印で描き直したものが図 42 です．$x$ 方向に正の向きで強さ $f(t)$ （$+f(t)$）の点力源が原点 $O$ に働いたとき（図 42 中の太実線矢印）の地震動 $\mathbf{u} = (u_x, u_y, u_z)$ が (215) 式ですから，この点力源が $\left(0, +\dfrac{\varepsilon}{2}, 0\right)$ に働いた場合（図 42 中の実線矢印のうち下側）でも，その点を原点 $O'$ とするデカルト座標系では地震動が (215) 式で表さ

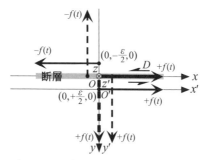

**図42** 図38の中のすべての力を，作用点を始点する矢印で描き直したもの．$O$ は元のデカルト座標系 $xyz$ の原点，$O'$ は $x$ 方向 $+f(t)$ の点力源（実線矢印下側）のための新しいデカルト座標系 $x'y'z'$ の原点．$f(t) = \varepsilon^{-1} \iint \mu D d\Sigma$.

れるはずです．したがって，元の座標系の $(x, y, z)$ が新しい座標系の $(x', y', z')$ になるとすれば $x' = x, y' = y - \dfrac{\varepsilon}{2}, z' = z$ であり，点力源が $\left(0, +\dfrac{\varepsilon}{2}, 0\right)$ に働く場合の地震動は

$$\mathbf{u}(x', y', z') = \mathbf{u}\left(x, y - \frac{\varepsilon}{2}, z\right) \tag{218}$$

と与えられます．同じように，$x$ 方向に $-f(t)$ の点力源が $\left(0, -\dfrac{\varepsilon}{2}, 0\right)$ に働いた場合（図42中の実線矢印のうち上側）の地震動は

$$-\mathbf{u}\left(x, y + \frac{\varepsilon}{2}, z\right) \tag{219}$$

と与えられます．負号は $-f(t)$ からきています．

図42の中の $x$ 方向の偶力は，$\left(0, \pm\dfrac{\varepsilon}{2}, 0\right)$ に働く $\pm f(t)$ の $x$ 方向点力源が組み合わさったものですから，それによる地震動は (218) 式と (219) 式を加え合わせた

$$\mathbf{u}\left(x, y - \frac{\varepsilon}{2}, z\right) - \mathbf{u}\left(x, y + \frac{\varepsilon}{2}, z\right) \tag{220}$$

です．偏微分の第2の定義（(9) 式）を $x$ 座標から $y$ 座標に書き換えた (165) 式において $f = u_i$ $(i = x, y, z)$ としたものを考えれば，(221) 式は

$$\mathbf{u}\left(x, y - \frac{\varepsilon}{2}, z\right) - \mathbf{u}\left(x, y + \frac{\varepsilon}{2}, z\right) = -\varepsilon \frac{\partial \mathbf{u}}{\partial y} \qquad (221)$$

になります．

次に，図42 の中の $y$ 方向の偶力は，$\left(\pm\frac{\varepsilon}{2}, 0, 0\right)$ に働く $\pm f(t)$ の $y$ 方向点力源が組み合わさったものですから，それによる地震動は前記と同じ考え方で (217) 式の $\mathbf{u}' = (u_x', u_y', u_z')$ を用いて

$$\mathbf{u}'\left(x - \frac{\varepsilon}{2}, y, z\right) - \mathbf{u}'\left(x + \frac{\varepsilon}{2}, y, z\right) = -\varepsilon \frac{\partial \mathbf{u}'}{\partial x} \qquad (222)$$

になります．

**ダブルカップル**はこれら二つの偶力の組み合わせです．したがって，**点震源**の地震動 $\mathbf{U} = (U_x, U_y, U_z)$ は (221) 式と (222) 式を加え合わせた

$$\mathbf{U} = -\varepsilon \frac{\partial \mathbf{u}}{\partial y} - \varepsilon \frac{\partial \mathbf{u}'}{\partial x} \qquad (223)$$

によって表されます．(223) 式に (215) 式，(217) 式を代入すれば

$$
\begin{aligned}
U_x =\ & \frac{30\gamma_x^2\gamma_y - 6\gamma_y}{4\pi\rho R^4} \int_{R/\alpha}^{R/\beta} \tau M_0(t - \tau) d\tau \\
& + \frac{12\gamma_x^2\gamma_y - 2\gamma_y}{4\pi\rho\alpha^2 R^2} M_0\left(t - \frac{R}{\alpha}\right) - \frac{12\gamma_x^2\gamma_y - 3\gamma_y}{4\pi\rho\beta^2 R^2} M_0\left(t - \frac{R}{\beta}\right) \\
& + \frac{2\gamma_x^2\gamma_y}{4\pi\rho\alpha^3 R} \dot{M}_0\left(t - \frac{R}{\alpha}\right) - \frac{2\gamma_x^2\gamma_y - \gamma_y}{4\pi\rho\beta^3 R} \dot{M}_0\left(t - \frac{R}{\beta}\right),
\end{aligned}
$$

$$U_y = \frac{30\gamma_x\gamma_y^2 - 6\gamma_x}{4\pi\rho R^4} \int_{R/\alpha}^{R/\beta} \tau M_0(t-\tau)d\tau$$

$$+ \frac{12\gamma_x\gamma_y^2 - 2\gamma_x}{4\pi\rho\alpha^2 R^2} M_0\left(t - \frac{R}{\alpha}\right) - \frac{12\gamma_x\gamma_y^2 - 3\gamma_x}{4\pi\rho\beta^2 R^2} M_0\left(t - \frac{R}{\beta}\right)$$

$$+ \frac{2\gamma_x\gamma_y^2}{4\pi\rho\alpha^3 R} \dot{M}_0\left(t - \frac{R}{\alpha}\right) - \frac{2\gamma_x\gamma_y^2 - \gamma_x}{4\pi\rho\beta^3 R} \dot{M}_0\left(t - \frac{R}{\beta}\right),$$

$$U_z = \frac{30\gamma_x\gamma_y\gamma_z}{4\pi\rho R^4} \int_{R/\alpha}^{R/\beta} \tau M_0(t-\tau)d\tau$$

$$+ \frac{12\gamma_x\gamma_y\gamma_z}{4\pi\rho\alpha^2 R^2} M_0\left(t - \frac{R}{\alpha}\right) - \frac{12\gamma_x\gamma_y\gamma_z}{4\pi\rho\beta^2 R^2} M_0\left(t - \frac{R}{\beta}\right)$$

$$+ \frac{2\gamma_x\gamma_y\gamma_z}{4\pi\rho\alpha^3 R} \dot{M}_0\left(t - \frac{R}{\alpha}\right) - \frac{2\gamma_x\gamma_y\gamma_z}{4\pi\rho\beta^3 R} \dot{M}_0\left(t - \frac{R}{\beta}\right). \tag{224}$$

ここで $M_0$ は $\varepsilon f(t)$ を表しています．96 頁ですでに $f(t) = \varepsilon^{-1} \iint \mu D d\Sigma$ と定義されていますので

$$M_0 = \iint \mu D d\Sigma \tag{225}$$

となり，偶力のモーメントの定義（(167) 式）や地震モーメントの定義（(169) 式）に一致します．$\dot{M}_0$ はこの地震モーメントの時間微分

$$\dot{M}_0 = \frac{dM_0}{dt} \tag{226}$$

を表し，**モーメント速度関数**とよばれています．(215) 式の **u** や (217) 式の **u′** に $f(t)$ の時間微分は含まれないのに (224) 式に $\dot{M}_0$ が含まれる理由は，$f(t)$ が $f\left(t - \frac{R}{\alpha}\right)$, $f\left(t - \frac{R}{\beta}\right)$ という形で含まれていて $R$ が $x$, $y$ の関数なので，(223) 式の偏微分により $f(t)$ も偏微分されるためです．

$R$ は (203) 式で定義され，「原点とポテンシャルを計算する

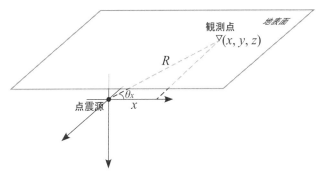

**図 43** 点震源，観測点と震源距離 $R$．$x$ 方向の方向余弦 $\cos\theta_x$ は $\dfrac{x}{R}$ になる．

地点の距離」です（107 頁）．原点には点震源が置かれており（72 頁），ポテンシャルから地震動を計算しますから「ポテンシャルを計算する地点」とは地震動を評価する地点つまり観測点です．したがって，$R$ は震源と観測点の間の距離，いわゆる**震源距離**です．また，**方向余弦** $\gamma_x$, $\gamma_y$, $\gamma_z$ が導入されています．"余弦" とは**三角関数**（15 頁）の cos のことで，たとえば $R$ と $x$ 軸がなす角を $\theta_x$ とすれば $\gamma_x = \cos\theta_x = \dfrac{x}{R}$ であり（図 43），同じように $\gamma_y = \dfrac{y}{R}$，$\gamma_z = \dfrac{z}{R}$ です．$R = \sqrt{x^2 + y^2 + z^2}$ の偏微分を実行すると

$$\frac{\partial R}{\partial x} = \frac{2x}{2\sqrt{x^2 + y^2 + z^2}} = \frac{x}{R} = \gamma_x, \ \frac{\partial R}{\partial y} = \gamma_y, \ \frac{\partial R}{\partial z} = \gamma_z \quad (227)$$

が得られ，(224) 式を求めるために利用されました．

(224) 式の $U_x$, $U_y$, $U_z$ の第 1 項はどれも $R^{-4}$ を含んでいます．しかし，同じくどれにも含まれる積分の中で $\tau$ には $R/\alpha$ と $R/\beta$ が与えられるため $R^{+1}$ 程度で効いてきますので，$R$ が

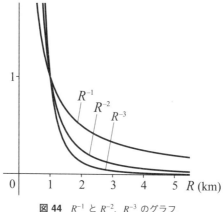

**図 44** $R^{-1}$ と $R^{-2}$, $R^{-3}$ のグラフ.

大きくなれば両方を合わせて $R^{-3}$ に比例して第 1 項は小さくなります.したがって $R$ の小さい震源のごく近くでしか効いてこないので(図 44),第 1 項は**近地項**とよばれます.これに対して,$U_x$, $U_y$, $U_z$ の第 4, 5 項は $R^{-1}$ のみを含んでいてそれに比例してしか小さくならないので(図 44),最も遠くまで効果を及ぼし**遠地項**とよばれます.$U_x$, $U_y$, $U_z$ の第 2, 3 項は $R^{-2}$ のみを含んでいて,$R^{-3}$ の近地項と $R^{-1}$ の遠地項の中間的な効果ですので(図 44),**中間項**とよばれます.

$R$ を km で測るとすれば,図 44 において $R$ が 1 km を超えれば,$R^{-2}$, $R^{-3}$ は $R^{-1}$ に比べて急速に小さくなります.そこで,ここ以降では $R^{-1}$ に関わる第 4, 5 項だけを残した

$$U_x = \frac{2\gamma_x^2\gamma_y}{4\pi\rho\alpha^3 R}\dot{M_0}\left(t - \frac{R}{\alpha}\right) - \frac{2\gamma_x^2\gamma_y - \gamma_y}{4\pi\rho\beta^3 R}\dot{M_0}\left(t - \frac{R}{\beta}\right),$$

$$U_y = \frac{2\gamma_x\gamma_y^2}{4\pi\rho\alpha^3 R}\dot{M}_0\left(t - \frac{R}{\alpha}\right) - \frac{2\gamma_x\gamma_y^2 - \gamma_x}{4\pi\rho\beta^3 R}\dot{M}_0\left(t - \frac{R}{\beta}\right),$$

$$U_z = \frac{2\gamma_x\gamma_y\gamma_z}{4\pi\rho\alpha^3 R}\dot{M}_0\left(t - \frac{R}{\alpha}\right) - \frac{2\gamma_x\gamma_y\gamma_z}{4\pi\rho\beta^3 R}\dot{M}_0\left(t - \frac{R}{\beta}\right) \tag{228}$$

を点震源の地震動の具体的な数式とします.

105 頁で定義した P 波の速度 $\alpha$ と S 波の速度 $\beta$ が, (228) 式にどのように現れるかを見てみます. $U_x$, $U_y$, $U_z$ の第 1 項 ((224) 式では第 4 項) には $\alpha$ しか現れないので, これらは **P 波**による地震動を表します. 同じく, $U_x$, $U_y$, $U_z$ の第 2 項 ((224) 式では第 5 項) には $\beta$ しか関係しないので, これらは **S 波**による地震動を表しています. また, **モーメント速度関数**の $\dot{M}_0$ ((226) 式) はすべての項に共通に含まれているので, 単に**震源時間関数**と言うときにはこれを指すことが多いです.


## 放射パターン

次に行うべきことは, "点震源の地震動の具体的な数式" ((228) 式) から地震動の向きのパターンを見出すことです. このパターンは**放射パターン**とよばれています. 105 頁で示したように, 地震動は点震源から発せられる波ですから球面状に広がるはずですので, 点震源を原点とするデカルト座標系 (図 45 黒色) から**球座標系** (図 45 灰色) に変換すると放射パターンを表現しやすいことが予想されます.

図の中の点 A がデカルト座標系では $(x, y, z)$ と表され, 球座標系では $(R, \theta, \phi)$ と表されるとします. 原点 O から点 A の方向に伸びる直線 (図中の灰色破線) において, 原点と点 A の

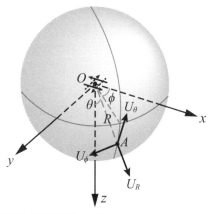

**図 45** 図 31 の左横ずれ断層の点震源とデカルト座標（黒色）に球座標系（灰色）を描き加えた．$U_R$, $U_\theta$, $U_\phi$ は **U** を球座標系の成分表示したときの各成分．

間の距離が $R$ であり，この直線が $z$ となす角度が $\theta$ です．また，この直線を $x$–$y$ 平面に投影した直線（図中の灰色点線）が $x$ 軸となす角度が $\phi$ になります．以上に **三角関数**（15 頁）の定義を当てはめると，まず $z = R\cos\theta$ です．それから，線分 $OA$ を $x$–$y$ 平面へ投影したものの長さは $R\sin\theta$ ですから，$x = R\sin\theta\cos\phi$, $y = R\sin\theta\sin\phi$ になります．

点 $A$ に仮想的な観測点があって，そこでの地震動を計算するとした場合，球座標系の $R$ は (228) 式の震源距離 $R$ に相当すると考えられ，デカルト座標系の $x, y, z$ も (228) 式の $x, y, z$ に相当すると考えられます．したがって，方向余弦の定義 $\gamma_x = \dfrac{x}{R}$, $\gamma_y = \dfrac{y}{R}$, $\gamma_z = \dfrac{z}{R}$（115 頁）に前記の関係式を代入することができて，その結果は

118

$$\gamma_x = \sin\theta\cos\phi, \quad \gamma_y = \sin\theta\sin\phi, \quad \gamma_z = \cos\theta \qquad (229)$$

です．さらに，(229) 式を (228) 式に代入すると

$$\begin{aligned}
U_x &= \frac{1}{4\pi\rho\alpha^3 R}\dot{M}_0\left(t - \frac{R}{\alpha}\right)\left(2\sin^3\theta\sin\phi\cos^2\phi\right) \\
&\quad - \frac{1}{4\pi\rho\beta^3 R}\dot{M}_0\left(t - \frac{R}{\beta}\right)\left(2\sin^3\theta\sin\phi\cos^2\theta - \sin\theta\sin\phi\right), \\
U_y &= \frac{1}{4\pi\rho\alpha^3 R}\dot{M}_0\left(t - \frac{R}{\alpha}\right)\left(2\sin^3\theta\sin^2\phi\cos\phi\right) \\
&\quad - \frac{1}{4\pi\rho\beta^3 R}\dot{M}_0\left(t - \frac{R}{\beta}\right)\left(2\sin^3\theta\sin^2\phi\cos\phi - \sin\theta\cos\phi\right), \\
U_z &= \frac{1}{4\pi\rho\alpha^3 R}\dot{M}_0\left(t - \frac{R}{\alpha}\right)\left(2\sin^2\theta\cos\theta\sin\phi\cos\phi\right) \\
&\quad - \frac{1}{4\pi\rho\beta^3 R}\dot{M}_0\left(t - \frac{R}{\beta}\right)\left(2\sin^2\theta\cos\theta\sin\phi\cos\phi\right).
\end{aligned} \qquad (230)$$

これら $U_x$，$U_y$，$U_z$ を球座標系の成分 $U_R$，$U_\theta$，$U_\phi$ に書き換えるわけですが，球座標系も**右手系**に取るため図 45 のようになるので，両者の関係は

$$\begin{aligned}
U_R &= U_x\sin\theta\cos\phi + U_y\sin\theta\sin\phi + U_z\cos\theta, \\
U_\theta &= U_x\cos\theta\cos\phi + U_y\cos\theta\sin\phi - U_z\sin\theta, \\
U_\phi &= -U_x\sin\phi + U_y\cos\phi
\end{aligned} \qquad (231)$$

となります．(230) 式を (231) 式に代入して三角関数の公式 ((32) 式など) を用いると，$U_R$ では S 波に関係する項は消えてしまいます．同じように，$U_\theta$ や $U_\phi$ では P 波に関係する項が消えてしまいます．残った項の中の $\sin 2\theta$ や $\sin 2\phi$，$\cos 2\phi$ は**倍角の公式** (17 頁) により現れます．それらの結果をまとめると

$$U_R = \frac{1}{4\pi\rho\alpha^3 R}\dot{M}_0\left(t - \frac{R}{\alpha}\right)\sin^2\theta \sin 2\phi,$$

$$U_\theta = \frac{1}{4\pi\rho\beta^3 R}\dot{M}_0\left(t - \frac{R}{\beta}\right)\frac{1}{2}\sin 2\theta \sin 2\phi,$$

$$U_\phi = \frac{1}{4\pi\rho\beta^3 R}\dot{M}_0\left(t - \frac{R}{\beta}\right)\sin\theta \cos 2\phi \qquad (232)$$

が得られ，P 波は $R$ 成分 $U_R$，S 波は $\theta$ 成分 $U_\theta$ と $\phi$ 成分 $U_\phi$ という形に完全に分離されます．このうち $U_\phi$ は $x-y$ 平面に平行で垂直成分を持たないので **SH 波** とよばれ，$U_\theta$ は $x-y$ 平面に垂直な面内にあるので **SV 波** とよばれます．各地震動の $\theta, \phi$ に関係する部分が **放射パターン** となります．

放射パターンのうち水平方向の方位依存である $\phi$ に関係した部分は，P 波である $U_R$ と SV 波である $U_\theta$ とで一致して $\sin 2\phi$ であるので，$\phi = 0°$ または $180°$ および $\phi = 90°$ または $270°$ の面（図 46 では灰色の円弧）で区切られた **4 象限型** のパターンとなります．二つの面では地震動がゼロとなり，地震動の振動の節（ふし）になっているので **節面** とよばれ，そのうちの一つが断層面に一致します．もう一つの節面は断層面に **共役** な **補助面**（図 31 では $y$ 軸に沿った面）とよばれています．

一方，SH 波の $U_\phi$ は $\cos 2\phi$ を方位依存としているので，やはり 4 象限型ですが，P 波や SV 波に比べると $45°$ ずれたパターンになっています．そのほか，SV 波では $\theta = 90°$ も節面になっています．以上のように複数のパターンが存在するので，S 波全体を見るために $U_\theta$ と $U_\phi$ を組み合わせると，図 46 右下に示すように複雑なものになります．特に，地震動がゼ

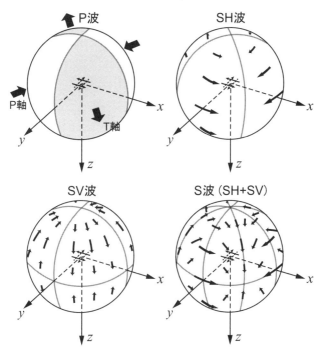

**図 46** 左横ずれ断層の P 波, SH 波, SV 波, および SH 波と SV 波を加え合わせた S 波全体の放射パターン（菊地[10] に基づいた纐纈[14] による）.

ロになる点が面（節面）ではなく，震源から線上に並ぶのが S 波全体の特徴ですが，その点の周辺ではやはり SH 波あるいは SV 波の節面に沿って地震動が小さいので，観測上は節面が見えることになります．

　図 46 の P 波放射パターンのうち，$U_R$ がプラスとなる二つの領域（灰色領域）の中心を結ぶ直線は図に書き入れたように T 軸とよばれ，マイナスとなる二つの領域（白色領域）の

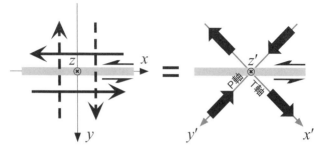

**図 47** 左は左横ずれ断層のダブルカップル（2 組の偶力），右はそれに等価な力を表す（纐纈[14]による）．

中心を結ぶ直線は **P 軸**とよばれます．これら 2 軸の方向は，ダブルカップルの 2 組の偶力（図 31，図 47 左）を構成する単一力を象限ごとにベクトル合成して得られる 4 象限型の等価な力（図 47 右）の方向に一致します．T 軸に沿う力は震源を引っぱる形で働き，P 軸に沿う力は震源に圧力をかける形で働くため，T 軸，P 軸は**主張力軸**，**主圧力軸**ともよばれ[11]，使われている英字も Tension，Pressure に由来します．図 46 や図 47 は垂直左横ずれ断層（$\delta = 90°, \lambda = 0°$）に限ったものですが，任意の震源断層の種類（表 1 など）に対する放射パターンや P 軸，T 軸は図 46 を 3 次元的に回転させるだけで容易に得られます．図 30 には震源断層の種類ごとにそうして得られた，それぞれに等価な力が描き込んであります．

## メカニズム解

　P 波の放射パターンを利用して決定された**震源断層**の情報

は，**メカニズム解**とよばれています．S波は遅れてくる影響でP波と重なってしまって地震動の向きを読み取りづらいため，その放射パターンが使われることは研究の場合（一例が129頁）を除いてあまりありません．

P波が震源から放射パターンの $U_R$ プラスの灰色領域を通過してその先にある点に到達するとき，そこでは図46に大きな矢印で描かれた向き，つまり観測点が地震によって押される向き（**押し**）の地震動が観測されます．一方，P波が震源から $U_R$ マイナスの白色領域を通過して到達し観測されるとき，観測点が地震によって引っぱられる向き（**引き**）の地震動が観測されます．

震源は地中にあるので，地表の観測点に置かれた地震計の上下成分では，押しの地震動は上向き，引きの地震動は下向きの地面の動きとして記録されます．そこで，震源の周りの仮想的な球面（**震源球**）をP波が通過する点に，図48のように各地の押し引きを震源球の下側投影図にプロットします．その投影図において押しの分布と引きの分布の境目を作図して節面を決定し，さらに決定された2節面からT軸やP軸が決められます．

どちらの節面が断層面かは，93頁で述べた難しさから，放射パターンにより決めることができません．たとえば，大きな地震が起きたとき，直後からおもにその震源断層の面上で"余震"とよばれる小さめの地震が多数起きるという現象を利用して，**余震分布**に一致する節面を震源断層とするということが行われます．

通例，図48のように押しの点や領域は色付けされるのに

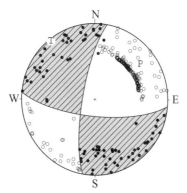

**図 48** 気象庁[12] によるメカニズム解の解析例. 2016 年 4 月 16 日に発生した**熊本地震**の場合で，黒丸が押し，白丸が引きを表し，T，P がそれぞれ T 軸，P 軸を表す.

対して，引きの点や領域には色を付けられません．そのため，メカニズム解の図は一見，ビーチボールのように見えるので，**ビーチボール解**と通称されることがあります．また，ビーチボールの模様の出方で震源断層の種類（表 1，図 30）が図 49 のようにわかります．ただし，現実の地震では図 30 のような純粋なタイプは少なく，多少，他の種類の成分が混じっていることが多いです．そうした場合の，より一般的な震源断層

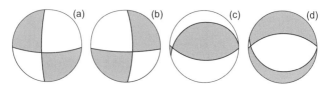

**図 49** メカニズム解と震源断層の種類の対応（菊地[10] に基づいた纐纈[14] による）．(a) 左横ずれ断層，(b) 右横ずれ断層，(c) 逆断層，(d) 正断層．(a)，(b) は紙面の左右に伸びる節面が断層面であるとき.

のメカニズム解を図49には示しました.

メカニズム解の図は「震源球の下側投影図」ですから，横ずれ断層なら図46左上の震源球の中に入って見下ろした，図49aのようになります．つまり，2節面の交点が震源球の中心付近に見えるときは横ずれ断層です．ただし，左横ずれか，右横ずれかは2節面のどちらが断層面かで異なり，図49aとbには紙面の左右に延びる節面が断層面であるときの震源断層の種類がキャプションに書かれています．もし上下に延びる節面が断層面ならばaとbで左右が入れ替わります．

逆断層の場合は，図46左上を$y$軸の周りに90°反時計回りの回転をさせて横ずれを縦ずれにして，次に$z$軸周りに時計回りに回転させて上向きずれの手前側が向こう側に行くように傾けることになります（図50）．そのとき，震源球の中に入って見下ろすと，色付けされた押しの領域の一方が震源球の中央部に大きく見えるようになりますから（図49c），そう見えたときは逆断層です．

逆に，縦ずれにした後，$z$軸周りに時計回りに回転させて上

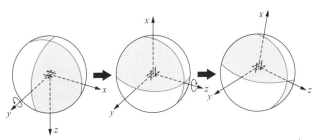

**図50** 左横ずれ断層の放射パターン（図46左上）から逆断層の放射パターンを得る手順.

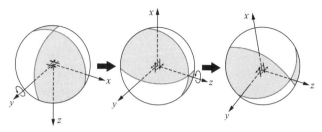

**図51** 左横ずれ断層の放射パターン（図 46 左上）から正断層の放射パター
ンを得る手順.

向きずれの手前側がさらに手前に倒れてくるように傾けた場
合は正断層になります（図 51）．その場合，白い引きの領域
の一方が大きく見えるようになりますから（図 49d），そう見
えたときは正断層です．逆断層や正断層ではどちらの節面が
断層面であっても正逆は変化しません．

## おわりに

図 49 に示したメカニズム解と震源断層の種類の対応，およ
びその読み方の解説が本書のおもな結論です．最後に，「地震
と断層」の節（58 頁から）に立ち戻って，そこで「後ほど説
明」するとした，地震の研究史の中の正論と異論の「理論的
な背景」を述べて締めくくりとしたいと思います．

正論の図 22 に描かれた地震動揺れ始めの押し引き分布は，
揺れ始めとは P 波ですから P 波の放射パターンによるメカ
ニズム解と考えられます．そこで，図 49 と比較すると，図
49b を 45° ほど時計回りに回転したものになっています．し

たがって，1917 年 5 月 18 日の地震は横ずれ断層を震源断層とするダブルカップルで矛盾なく説明できます．

異論の図 23 に描かれた押し引き分布は，確かに図のように節面を引くことも可能です．しかし，図 49d を時計回りに回転させたものと見ることもできますから，1931 年 6 月 2 日の地震は正断層を震源断層とするダブルカップルでも説明できるわけです．

最後に，最も強かった異論として**シングルカップル説**（61 頁，72 頁）を取り上げ，それによる地震動を求めてみます．ダブルカップルの (223) 式のかわりに

$$\mathbf{U} = -\varepsilon \frac{\partial \mathbf{u}}{\partial y} \tag{233}$$

を用います．この式に (215) 式を代入して $\dot{M}_0$ を含む項のみを残すと

$$U_x = \frac{\gamma_x^2 \gamma_y}{4\pi\rho\alpha^3 R} \dot{M}_0\left(t - \frac{R}{\alpha}\right) - \frac{\gamma_x^2 \gamma_y - \gamma_y}{4\pi\rho\beta^3 R} \dot{M}_0\left(t - \frac{R}{\beta}\right),$$

$$U_y = \frac{\gamma_x \gamma_y^2}{4\pi\rho\alpha^3 R} \dot{M}_0\left(t - \frac{R}{\alpha}\right) - \frac{\gamma_x \gamma_y^2}{4\pi\rho\beta^3 R} \dot{M}_0\left(t - \frac{R}{\beta}\right),$$

$$U_z = \frac{\gamma_x \gamma_y \gamma_z}{4\pi\rho\alpha^3 R} \dot{M}_0\left(t - \frac{R}{\alpha}\right) - \frac{\gamma_x \gamma_y \gamma_z}{4\pi\rho\beta^3 R} \dot{M}_0\left(t - \frac{R}{\beta}\right). \tag{234}$$

さらに (229) 式を代入すれば

$$U_x = \frac{1}{4\pi\rho\alpha^3 R} \dot{M}_0\left(t - \frac{R}{\alpha}\right) \sin^3\theta \sin\phi \cos^2\phi$$

$$- \frac{1}{4\pi\rho\beta^3 R} \dot{M}_0\left(t - \frac{R}{\beta}\right)\left(\sin^3\theta \sin\phi \cos^2\phi - \sin\theta \sin\phi\right),$$

$$U_y = \frac{1}{4\pi\rho\alpha^3 R}\dot{M}_0\left(t-\frac{R}{\alpha}\right)\sin^3\theta\sin^2\phi\cos\phi$$

$$-\frac{1}{4\pi\rho\beta^3 R}\dot{M}_0\left(t-\frac{R}{\beta}\right)\sin^3\theta\sin^2\phi\cos\phi,$$

$$U_z = \frac{1}{4\pi\rho\alpha^3 R}\dot{M}_0\left(t-\frac{R}{\alpha}\right)\sin^2\theta\cos\theta\sin\phi\cos\phi$$

$$-\frac{1}{4\pi\rho\beta^3 R}\dot{M}_0\left(t-\frac{R}{\beta}\right)\sin^2\theta\cos\theta\sin\phi\cos\phi. \qquad (235)$$

これを (231) 式に代入して，三角関数の公式（(32) 式など）や倍角の公式を再び用いれば

$$U_R = \frac{1}{4\pi\rho\alpha^3 R}\dot{M}_0\left(t-\frac{R}{\alpha}\right)\frac{1}{2}\sin^2\theta\sin 2\phi,$$

$$U_\theta = \frac{1}{4\pi\rho\beta^3 R}\dot{M}_0\left(t-\frac{R}{\beta}\right)\frac{1}{4}\sin 2\theta\sin 2\phi,$$

$$U_\phi = \frac{1}{4\pi\rho\beta^3 R}\dot{M}_0\left(t-\frac{R}{\beta}\right)\left(-\sin\theta\sin^2\phi\right). \qquad (236)$$

(236) 式を (232) 式と比較すると，シングルカップルの P 波 $U_R$ および SV 波 $U_\theta$ の放射パターンはダブルカップルのそれらに一致することがわかります．ところが，SH 波 $U_\phi$ の放射パターンは異なり，水平方向の方位依存である $\phi$ に関係した部分が，ダブルカップルでは $\cos 2\phi$ であるのに対して，シングルカップルでは $-\sin^2\phi$ となっています．つまり，ダブルカップルの SH 波放射パターンが 4 象限型であるのに対して，シングルカップルの SH 波の向きは $\phi$ によらず，つねに $\phi$ 方向のマイナス向きになるということです．

シングルカップル説は当時，カリフォルニア大学バークレー校の教授だった P. バイヤリーなどの欧米の研究者により 1920 年代から主張されていました[9]．そのため，シングルカップ

ル・ダブルカップル論争（61 頁，72 頁）に決着をつけるべく，1920 年代から 1960 年頃まで，上記の考え方に基づいて，S 波放射パターンの研究が盛んに行われました．しかし，123 頁ですでに述べたように，S 波の向きを読み取る難しさがあってなかなか決着がつきませんでしたが，1960 年にヘルシンキで開かれたシンポジウムを境に，欧米の研究者も次第にダブルカップルを支持するようになりました[9]．その後，Maruyama[34] や Burridge and Knopoff[30] がダブルカップルであることを数学的に証明して，ようやく決着を見たということです（76 頁）．

# 参考文献 (著者の五十音順)

1) Einstein, A., Die Grundlage der allgemeinen Relativitätstheorie, *Annalen der Physik*, **354**, 769–822, 1916.

2) Aki, K., Generation and propagation of G waves from the Niigata earthquake of June 16, 1964. Part 2. Estimation of earthquake moment, released energy, and stress-strain drop from the G wave spectrum, *Bull. Earthq. Res. Inst.*, **44**, 73–88, 1966.

3) Aki, K. and P. G. Richards, *Quantitative Seismology*, 2nd ed., University Science Books, 700pp., 2002.

4) 石井俊全,『一般相対性理論を一歩一歩数式で理解する』, ベレ出版, 671 頁, 2017 年.

5) 石本巳四雄, 地震初動方向分布より震源に四重源の推定,『地震研究所彙報』, 10 巻, 449–471, 1932 年 (原文はフランス語).

6) Webster, A. G., *Partial Differential Equations of Mathematical Physics*, B. G. Teubner, 440pp., 1927.

7) 宇津徳治,『地震学』, 第 3 版, 共立出版, 376 頁, 2001 年.

8) Udias, A., *Principles of Seismology*, Cambridge University Press, 475pp., 1999.

9) 大中康譽, 地震の原因の探求史,『地震の事典』, 第 2 版, 朝倉書店, 212–217, 2001 年.

10) 菊地正幸, 地震波の放射パターン・断層モデル:震源過程,『地震の事典』, 第 2 版, 朝倉書店, 248–283, 2001 年.

11) 気象庁,『発震機構解と断層面』について, http://www.data.jma.go.jp/svd/eqev/data/mech/kaisetu/mechkaisetu2.html (2016 年にアクセス).

12) 気象庁:『平成 28 年 (2016 年) 熊本地震』について (第 7 報), 17 頁, 2016 年.

13) 国尾武,『固体力学の基礎』, 培風館, 310 頁, 1977 年.

14) 纐纈一起,『地震動の物理学』, 近代科学社, 353 頁, 2018 年.

15) 纐纈一起, 日本付近のおもな被害地震年代表・世界地震分布図とプレート境界,『理科年表（平成 29 年）』, 国立天文台編, 丸善出版, 728–761, 788–789, 2016 年.

16) 小林和男, 東太平洋海膨,『世界大百科事典 第 2 版』, DVD-ROM, 平凡社, 1998 年.

17) 佐藤健二,『図解雑学 微分・積分』, ナツメ社, 221 頁, 2000 年.

18) 地震調査委員会, 日本の地震活動, 追補版, 391 頁, 1999 年.

19) 志田順, 東京数学物理学会, 口頭発表, 1917 年.

20) 新村出 (編),『広辞苑』, 第 4 版, 岩波書店, 2858 頁, 1991 年.

21) State Earthquake Investigation Commission, *The California Earthquake of April 18, 1906*, Volume I, Carnegie Institution of Washington, 451pp., 1908.

22) Stokes, G. G., On the dynamical theory of diffraction, *Trans. Cambridge Phil. Soc.*, **9**, 1–62, 1849.

23) 瀬野徹三,『プレートテクトニクスの基礎』, 朝倉書店, 190 頁, 1995 年.

24) 棚橋嘉市, 昭和六年六月二日本州中部に發生した深層地震に就て,『海と空』, 11 巻, 277–288, 1931 年.

25) デカルト, ルネ,『幾何学』, 原亨吉 (訳), 筑摩書房, 225 頁, 2013 年.

26) Nakano, H., Notes on the nature of the forces which give rise to the earthquake motions, *Seismol. Bull.*, **1**, 92–120, 1923.

27) 長沼伸一郎,『物理数学の直観的方法』, 通商産業通信社, 194 頁, 1987 年.

28) 日本数学会 (編),『数学辞典』, 第 2 版, 岩波書店, 1140 頁, 1968 年.

29) Newton, I., *The Mathematical Principles of Natural Philosophy*, A. Motte (tr.), American edition, 581pp., 1846.

30) Burridge, R. and L. Knopoff, Body force equivalents for seismic dislocations, *Bull. Seismol. Soc. Am.*, **54**, 1875–1888, 1964.

31) 深尾良夫,『沈み込んだプレートはどこへ』, 第 57 回東レ科学振興会科学講演会記録, 17 頁, 2007 年.

32) 物理学辞典編集委員会 (編),『物理学辞典』, 改訂版, 培風館, 2465 頁, 1992 年.

33) 本多弘吉,『地震波動』, 岩波書店, 230 頁, 1954 年.

34) Maruyama, T., On the force equivalents of dynamical elastic dislocations with reference to the earthquake mechanism, *Bull. Earthq. Res. Inst.*, **41**, 467–486, 1963.

35) Müller, R. D., W. R. Roest, J.-Y. Royer, L. M. Gahagan, and J. G. Sclater, Digital isochrons of the world's ocean floor, *J. Geophys. Res.*, **102**,

　　　 3211–3214, 1997.

36) 山岡耕春, 地球の動き,『地震・津波と火山の辞典』, 藤井敏嗣・纐纈一起
　　　(編), 丸善, 19–35, 2008 年.

37) 山下輝夫, 地震とは何か,『地震・津波と火山の辞典』, 藤井敏嗣・纐纈一
　　　起 (編), 丸善出版, 1–18, 2008 年.

38) ユークリッド,『ユークリッド原論』, 中村幸四郎 (訳), 共立出版, 560 頁,
　　　1971 年.

39) Love, A. E. H., *A Treatise on the Mathematical Theory of Elasticity*, 2nd ed.,
　　　Cambridge University Press, 551pp., 1906.

40) Reid, H. F., *The California Earthquake of April 18, 1906*, Volume II,
　　　Carnegie Institution of Washington, 192pp., 1910.

41) Lay, T. and T. C. Wallace, *Modern Global Seismology*, Academic Press,
　　　521pp., 1995.

# 索 引